Daniel Janocha

Aus der Reihe: e-fellows.net stipendiaten-wissen

e-fellows.net (Hrsg.)

Band 1064

Schwache Lösung der Stokes-Gleichungen für nicht-Newton'sche Fluide

Weak solution of the Stokes equations for non-Newtonian fluids

GRIN Verlag

Bibliografische Information der Deutschen Nationalbibliothek:

Die Deutsche Bibliothek verzeichnet diese Publikation in der Deutschen Nationalbibliografie; detaillierte bibliografische Daten sind im Internet über http://dnb.d-nb.de/ abrufbar.

Impressum:

Druck und Bindung: Books on Demand GmbH, Norderstedt Germany
ISBN: 978-3-656-85598-9

Dieses Buch bei GRIN:

http://www.grin.com/de/e-book/285549/schwache-loesung-der-stokes-gleichungen-fuer-nicht-newton-sche-fluide

Schwache Lösung der Stokes-Gleichungen für nicht-Newton'sche Fluide

Weak Solution of the Stokes equations for non-Newtonian fluids
Bachelor-Thesis von Daniel Janocha
Tag der Einreichung:

TECHNISCHE
UNIVERSITÄT
DARMSTADT

Fachbereich Mathematik
Forschungsbereich Analysis, AG Partielle
Differentialgleichungen

Schwache Lösung der Stokes-Gleichungen für nicht-Newton'sche Fluide
Weak Solution of the Stokes equations for non-Newtonian fluids

Vorgelegte Bachelor-Thesis von Daniel Janocha

Tag der Einreichung:

Zusammenfassung

Die grundlegenden Gleichungen in der Strömungsmechanik sind die *Navier-Stokes-Gleichungen*. Sie stellen ein System von nichtlinearen partiellen Differentialgleichungen dar und beschreiben das Fließverhalten zäher Fluide. Setzt man die Dichte des betrachteten Fluids als konstant voraus und erweitert das Gleichungssystem um diese Bedingung, so spricht man von den *inkompressiblen* Navier-Stokes-Gleichungen. In der mathematischen Lösungstheorie dieser Gleichungen sind noch viele Fragen offen, weswegen das Clay Mathematics Institute die Analyse der Navier-Stokes-Gleichungen in die Liste der Millenium-Probleme aufgenommen hat. Dabei verursacht der sogenannte konvektive Term die Schwierigkeit. Wenn man ihn vernachlässigt, erhält man die *Stokes-Gleichungen*. Für die Stokes-Gleichungen existieren schwache Lösungen unter gewissen Annahmen.

Man leitet die Navier-Stokes-Gleichungen unter der Bedingung her, dass die Reibung eine lineare Funktion der Geschwindigkeit ist. In dieser Bachelorarbeit wird die Existenz von schwachen Lösungen unter der Annahme untersucht, dass die Reibung eine beliebige, nichtlineare Funktion der Geschwindigkeit ist. Genauer soll die Nichtlinearität ein monotoner Operator sein, der symmetrische, reelle 3×3-Matrizen auf ebensolche abbildet. Des Weiteren setzen wir voraus, dass das Fluid homogen und inkompressibel ist: Dies impliziert, dass das Geschwindigkeitsfeld divergenzfrei ist. Die daraus resultierenden Stokes-Gleichungen nennen wir *allgemeine Stokes-Gleichungen*. Das Ziel dieser Bachelorarbeit ist es, folgenden Satz zu beweisen:

> *Seien das dreidimensionale Geschwindigkeitsfeld zur Zeit $t = 0$ und homogene Dirichlet-Randbedingungen gegeben. Dann existieren genau ein divergenzfreies Geschwindigkeitsfeld u und genau ein Druckfeld p, sodass (u, p) das allgemeine Stokes-Problem im schwachen Sinne löst. Dabei seien äußere Kräfte vernachlässigbar.*

In diesem Zusammenhang ist die Frage zu klären, welche weiteren Bedingungen an den monotonen, nichtlinearen Operator gestellt werden müssen.

Im ersten Kapitel leiten wir die Navier-Stokes-Gleichungen unter Vernachlässigung von äußeren Kräften her, um im zweiten Kapitel das allgemeine Stokes-Problem als Anfangs-Randwert-Problem zu formulieren. Im Anschluss konstruieren wir die Helmholtz-Projektion, mit deren Hilfe wir den Druck aus den Gleichungen eliminieren können. Daraus erhalten wir ein äquivalentes Anfangs-Randwert-Problem. Um dieses zu lösen, führen wir im dritten Kapitel die Funktionenräume ein, aus denen wir den Lösungsraum konstruieren können. Da die benötigten Funktionenräume allesamt Hilberträume sind, stellen wir ihre Elemente als Fourierreihen dar. Im vierten Kapitel zeigen wir zunächst, dass das äquivalente Problem höchstens eine schwache Lösung besitzen kann, bevor wir nachweisen, dass tatsächlich eine schwache Lösung existiert. Dazu wenden wir die Galerkin-Methode an, indem wir approximative Lösungen konstruieren.

Inhaltsverzeichnis

1 Herleitung der Navier-Stokes-Gleichungen

Wir führen zunächst einige Grundlagen aus der Kontinuumsmechanik ein, die wir zur Herleitung der Navier-Stokes-Gleichungen benötigen. Um den Rahmen der Bachelorarbeit nicht zu sprengen, verzichten wir auf die Beweise der Resultate in diesem Kapitel. Das Kapitel ist in Anlehnung an [LL91] und [GH09] verfasst.

Im gesamten Kapitel wird die Einstein'sche Summenkonvention verwendet, d. h. es wird über doppelt auftretende Indizes summiert.

1.1 Konfigurationen, Euler'sche und Lagrange'sche Darstellung von Bewegungen

In der Kontinuumsmechanik werden sogenannte *Kontinua* und deren Deformationen betrachtet. Darunter versteht man Körper mit kontinuierlich verteilter Masse, wobei ein Körper eine Menge von materiellen Punkten ist. Wir werden Körper im Folgenden mit $\mathscr{B}$ bezeichnen. Um Deformationen zu beschreiben, führt man Konfigurationen und Bewegungen ein.

Definition 1.1.1 (Konfiguration, Bewegung).

- Eine *Konfiguration* ist eine Abbildung

$$\begin{aligned}\overline{x} : \mathscr{B} &\longrightarrow \Omega \subseteq \mathbb{R}^3,\\ \overline{x}(\xi) &:= x.\end{aligned}$$

  Dabei sei x der Vektor, der vom Ursprung zum materiellen Punkt zeigt. Wir fordern, dass die Abbildung bijektiv ist.

- Die *Bewegung* eines materiellen Punkts ist eine mit der Zeit t parametrisierte Schar von Konfigurationen. Wir schreiben für die Bewegung eines materiellen Punkts

$$\overline{x}(t,\xi) := \overline{x}_t(\xi).$$

Die Bijektivität einer Konfiguration bedeutet, dass jeder materielle Punkt $\xi \in \mathscr{B}$ eindeutig mit dem Ortsvektor $x \in \Omega$ identifiziert werden kann. Wir wollen daher im Folgenden einen materiellen Punkt mit $x \in \Omega$ anstatt mit $\xi \in \mathscr{B}$ bezeichnen.

Unter allen möglichen Konfigurationen gibt es zwei, die wir hervorheben.

Definition 1.1.2 (Referenzkonfiguration, Momentankonfiguration). Seien mit $t = 0$ und $t = T$, $T \in \mathbb{R}_0^+$, Beginn und Ende der Deformation bezeichnet.

- Die *Referenzkonfiguration* ist die Konfiguration zur Zeit $t = 0$. Für Elemente des Körpers in der Referenzkonfiguration schreiben wir X anstatt x.
- Die *Momentankonfiguration* ist die Konfiguration zur Zeit $t \in (0, T]$.

Es ist zu betonen, dass x als Element des Körpers in der Momentankonfiguration von der Zeit t abhängt, während X als Element des Körpers in der Referenzkonfiguration zeitunabhängig ist.

Es gibt nun zwei Möglichkeiten, die Bewegung eines materiellen Punkts zu beschreiben.

- In der *Lagrange'schen Beschreibung* wird die Bewegung eines ausgewählten materiellen Punkts über alle Konfigurationen und über die gesamte Deformationsdauer verfolgt. Man kann sich also vorstellen, dass der Beobachter sich mit dem materiellen Punkt mitbewegt. Wir erhalten daher eine Bewegungsdarstellung
$$\overline{x} = \overline{x}(t, X).$$
- In der *Euler'schen Beschreibung* wird der Zustand in einem ausgewählten Raumpunkt in einer fest gewählten Konfiguration über die gesamte Deformationsdauer beobachtet. Man kann sich also vorstellen, dass die einzelnen materiellen Punkte vorbeiziehen. Wir erhalten daher eine Bewegungsdarstellung
$$\overline{x} = \overline{x}(t, x).$$

Wir verwenden im Folgenden die Euler'sche Bewegungsbeschreibung.

1.2 Substantielle Ableitung

Wir betrachten eine differenzierbare Abbildung

$$f : \mathbb{R} \times \mathbb{R}^3 \longrightarrow \mathbb{R}^n.$$

Wir setzen noch $x := (x_1, x_2, x_3)$ und $u := \frac{\partial x}{\partial t}$ und leiten f mit der Kettenregel nach t ab:

$$\begin{aligned}\frac{\mathrm{d}f}{\mathrm{d}t} &= \frac{\partial f}{\partial(t,x)} \frac{\partial(t,x)}{\partial t} \\ &= \left(\frac{\partial f}{\partial t}, \frac{\partial f}{\partial x}\right) \begin{pmatrix} \partial t/\partial t \\ \partial x/\partial t \end{pmatrix} \\ &= \frac{\partial f}{\partial t} \cdot 1 + \frac{\partial f}{\partial x} \frac{\partial x}{\partial t} \\ &= \frac{\partial f}{\partial t} + (\nabla_x f) u.\end{aligned}$$

Diese Rechnung motiviert folgende Definition.

Definition 1.2.1 (Substantielle Ableitung). Sei

$$f : \mathbb{R} \times \mathbb{R}^3 \longrightarrow \mathbb{R}^n, \qquad (t, x) \mapsto f(t, x)$$

eine differenzierbare Abbildung und $u := \frac{\partial x}{\partial t}$ das zu x gehörige Geschwindigkeitsfeld. Die *substantielle Ableitung* von f ist gegeben durch

$$\frac{\mathrm{d}f}{\mathrm{d}t}(t,x) = \frac{\partial f}{\partial t}(t,x) + \nabla_x f(t,x) u(t,x).$$

Der erste Summand heißt *lokale Ableitung*. Er gibt an, wie f sich lokal ändert, d. h. am festen Ort x. Der zweite Summand heißt *konvektive Ableitung*. Er gibt an, wie f sich durch die Bewegung des materiellen Punkts ändert.

1.3 Das Reynolds'sche Transporttheorem

Um die Kontinuitätsgleichung herzuleiten, brauchen wir einen Satz, der uns erlaubt, die Zeitableitung in das Integral zu ziehen, obwohl die Integrationsgrenzen von der Zeit abhängen. Dies führt uns zum Reynolds'schen Transporttheorem.

Satz 1.3.1 (Reynolds'sches Transporttheorem). Sei $f : \mathbb{R} \times \mathbb{R}^3 \longrightarrow \mathbb{R}^3$ eine differenzierbare Abbildung. Sei $\Omega \subseteq \mathbb{R}^n$ ein Gebiet in der Momentankonfiguration mit äußerem Normaleneinheitsfeld n und σ das Oberflächenmaß von Ω. Sei $x \in \Omega$ ein materieller Punkt und $u := \frac{\partial x}{\partial t}$ das zu x gehörige Geschwindigkeitsfeld. Dann gilt

$$\frac{\mathrm{d}}{\mathrm{d}t} \int_\Omega f(t,x)\mathrm{d}x = \int_\Omega \frac{\partial}{\partial t} f(t,x)\mathrm{d}x + \int_{\partial\Omega} f(t,x)\big(u(t,x) \cdot n(t,x)\big)\mathrm{d}\sigma. \tag{1.1}$$

Bemerkung 1.3.2. Es gilt folgende Variante des Reynolds'schen Transporttheorems:

$$\frac{\mathrm{d}}{\mathrm{d}t} \int_\Omega f(t,x)\mathrm{d}x = \int_\Omega \left(\frac{\partial}{\partial t} f(t,x) + \big(\nabla_x f(t,x) u(t,x)\big) + f(t,x)\,\mathrm{div}_x\, u(t,x)\right)\mathrm{d}x. \tag{1.2}$$

1.4 Die Kontinuitätsgleichung

Im Folgenden leiten wir die Kontinuitätsgleichung in Anlehnung an [LL91] her. Dazu betrachten wir ein Fluid und sehen dieses als Kontinuum an. Wir fixieren einen Teil des Gesamtvolumens, in dem wir die Strömung beobachten (Euler'sche Beschreibung). Solch ein Volumen wird *Kontrollvolumen* genannt. Wir bezeichnen es mit V_0, wobei $V_0 \subseteq \overline{\Omega} \subseteq \mathbb{R}^3$. Sei

- $x : [0,T] \longrightarrow \overline{\Omega}$ ein materieller Punkt in der Momentankonfiguration,
- $u : [0,T] \times \overline{\Omega} \longrightarrow \mathbb{R}^3$ das Geschwindigkeitsfeld des Fluids, gegeben durch $u = \frac{\partial x}{\partial t}$,
- $p : [0,T] \times \overline{\Omega} \longrightarrow \mathbb{R}$ der Druck und
- $\varrho : [0,T] \times \overline{\Omega} \longrightarrow \mathbb{R}$ die Dichte des Fluids.

Die Masse des Kontrollvolumens ist gegeben durch

$$m := \int_{V_0} \varrho \mathrm{d}x.$$

Das Prinzip der Massenerhaltung besagt, dass Masse weder erzeugt noch vernichtet werden kann, d. h.

$$0 = \frac{\mathrm{d}}{\mathrm{d}t} m = \frac{\mathrm{d}}{\mathrm{d}t} \int_{V_0} \varrho \mathrm{d}x.$$

Mit dem Reynolds'schen Transporttheorem (1.1) und dem Gauß'schen Integralsatz folgt daraus

$$\begin{aligned} 0 &= \int_{V_0} \frac{\partial}{\partial t} \varrho \mathrm{d}x + \int_{\partial V_0} \varrho\,(u \cdot n)\mathrm{d}\sigma \\ &= \int_{V_0} \frac{\partial}{\partial t} \varrho \mathrm{d}x + \int_{V_0} \mathrm{div}_x(\varrho u)\mathrm{d}x \\ &= \int_{V_0} \left(\frac{\partial}{\partial t} \varrho + \mathrm{div}_x(\varrho u)\right)\mathrm{d}x. \end{aligned}$$

Da die Gleichung für jedes beliebige Kontrollvolumen gilt, muss der Integrand verschwinden:

$$\frac{\partial \varrho}{\partial t} + \operatorname{div}_x(\varrho u) = 0. \tag{1.3}$$

Dies ist die *Kontinuitätsgleichung*.

Wir geben die Kontinuitätsgleichung noch in einer Darstellung an, die die substantielle Ableitung von ϱ enthält. Sei dazu $\{e_i\}_{i=1}^3$ eine Orthonormalbasis des $\mathbb{R}^3$. Wir berechnen

$$\begin{aligned}
\operatorname{div}_x(\varrho u) &= \frac{\partial(\varrho u_i)}{\partial x_i} \\
&= \frac{\partial \varrho}{\partial x_i} u_i + \varrho \frac{\partial u_i}{\partial x_i} \\
&= \frac{\partial \varrho}{\partial x_i} \delta_{ik} u_k + \varrho \frac{\partial u_i}{\partial x_i} \\
&= \frac{\partial \varrho}{\partial x_i} e_i \cdot u_k e_k + \varrho \frac{\partial u_i}{\partial x_i} \\
&= \nabla_x \varrho \cdot u + \varrho \operatorname{div}_x u.
\end{aligned}$$

Wir erhalten damit aus (1.3) unter Verwendung der substantiellen Ableitung

$$\begin{aligned}
\frac{\partial \varrho}{\partial t} + \nabla_x \varrho \cdot u + \varrho \operatorname{div}_x u &= 0 \\
\frac{d\varrho}{dt} + \varrho \operatorname{div}_x u &= 0.
\end{aligned} \tag{1.4}$$

1.5 Die Euler-Gleichungen

In diesem Abschnitt leiten wir die Euler-Gleichungen her. Sie stellen den Impulssatz für ideale Fluide dar und lassen sich daher aus dem zweiten Newton'schen Axiom ableiten.

Definition 1.5.1 (Ideales Fluid). Unter einem *idealen Fluid* verstehen wir ein Fluid mit folgenden Eigenschaften:

- Es ist reibungsfrei, d. h. die Gesamtenergie des Systems hängt nicht von der Reibung ab.
- Es ist *inkompressibel*, d. h. die Dichte hängt weder vom Druck noch von der Zeit ab, also $\varrho = \varrho(x)$.
- Energiedissipation wird vernachlässigt.

Wir fixieren wieder ein Kontrollvolumen $V_0 \subseteq \overline{\Omega}$ und nehmen an, dass keine Volumenkräfte wirken. Da das Fluid ideal ist, gibt es auch keine Reibungskräfte: Die gesamte Kraft f, die auf V_0 wirkt, ist deswegen gegeben durch den auf die Oberfläche wirkenden Druck p:

$$f = -\int_{\partial V_0} p \cdot n d\sigma.$$

Das negative Vorzeichen begründet sich dadurch, dass der Druck von außen wirkt, also entgegen der angenommenen Normalenrichtung. Wir schreiben das Integral mit dem Gauß'schen Integralsatz um:

$$f = -\int_{\partial V_0} p \cdot n \mathrm{d}\sigma = -\int_{V_0} \nabla_x p \mathrm{d}x.$$

Der Impuls des Systems ist gegeben durch

$$I := \int_{V_0} \varrho u \mathrm{d}x.$$

Das zweite Newton'sche Axiom besagt, dass die zeitliche Änderung des Impulses der Kraft entspricht, also

$$\frac{\mathrm{d}}{\mathrm{d}t} I = f.$$

Einsetzen liefert

$$\frac{\mathrm{d}}{\mathrm{d}t} \int_{V_0} \varrho u \mathrm{d}x = -\int_{V_0} \nabla_x p \mathrm{d}x.$$

Das Reynolds'sche Transporttheorem (1.2) liefert nun

$$\begin{aligned} -\int_{V_0} \nabla_x p \mathrm{d}x &= \frac{\mathrm{d}}{\mathrm{d}t} \int_{V_0} \varrho u \mathrm{d}x \\ &= \int_{V_0} \left(\frac{\partial}{\partial t}(\varrho u) + \nabla_x(\varrho u) u + (\varrho u) \operatorname{div}_x u \right) \mathrm{d}x, \end{aligned}$$

also

$$0 = \int_{V_0} \left(\nabla_x p + \frac{\partial}{\partial t}(\varrho u) + \nabla_x(\varrho u) u + (\varrho u) \operatorname{div}_x u \right) \mathrm{d}x.$$

Da die Gleichung für jedes beliebige Kontrollvolumen gilt, muss der Integrand verschwinden:

$$-\nabla_x p = \frac{\partial}{\partial t}(\varrho u) + \nabla_x(\varrho u) u + (\varrho u) \operatorname{div}_x u.$$

Wir vereinfachen nun $\nabla_x(\varrho u)u$. Sei dazu $\{e_i\}_{i=1}^3$ eine Orthonormalbasis des $\mathbb{R}^3$. Wir erhalten

$$\begin{aligned} \nabla_x(\varrho u)u &= \frac{\partial(\varrho u_i)}{\partial x_k}(e_i \otimes e_k) u_m e_m \\ &= \frac{\partial(\varrho u_i)}{\partial x_k} u_m (e_m \cdot e_k) e_i \\ &= u_m \frac{\partial(\varrho u_i)}{\partial x_k}(e_m \cdot e_k) e_i \\ &= \left(u_m e_m \cdot \frac{\partial}{\partial x_k} e_k \right)(\varrho u_i) e_i \\ &= (u \cdot \nabla_x)(\varrho u) \end{aligned}$$

Durch Einsetzen erhalten wir die *Euler-Gleichungen*:

$$-\nabla_x p = \frac{\partial}{\partial t}(\varrho u) + (u \cdot \nabla_x)(\varrho u) + (\varrho u) \operatorname{div}_x u. \tag{1.5}$$

1.6 Die Navier-Stokes-Gleichungen

Wir sind nun bereit, die Navier-Stokes-Gleichungen herzuleiten. Sie stellen den Impulssatz für viskose Fluide dar und können aus den Euler-Gleichungen hergeleitet werden. Das betrachtete Fluid sei nun also nicht mehr ideal, sondern viskos: Es gibt also innere Reibung. Um diese zu erfassen, definieren wir:

Definition 1.6.1 (Deformationstensor, Reibungstensor, Spannungstensor).

- Der Tensor ε, der durch
$$\varepsilon := \frac{1}{2}\left(\nabla_x u + (\nabla_x u)^T\right) \tag{1.6}$$
gegeben ist, heißt *Deformationstensor*.
- Der Tensor
$$\tau := 2\eta\varepsilon + \left(-\frac{2}{3}\eta + \zeta\right)\operatorname{div}_x(u)\mathbb{1} \tag{1.7}$$
heißt *Reibungstensor*. η und ζ sind positive Konstanten, so genannte *dynamische Viskositäten*. Sie hängen nur vom Druck und von der Temperatur ab, nicht aber von der Geschwindigkeit. $\mathbb{1}$ ist der Einheitstensor.

Bemerkung 1.6.2. Die konstitutive Gleichung für den Reibungstensor ist nicht willkürlich gewählt, sondern so, dass τ nur von der Geschwindigkeit u abhängt, und zwar linear.

Wir beziehen uns nun auf die Euler-Gleichungen für ein ideales Fluid (1.5):
$$-\nabla_x p = \frac{\partial}{\partial t}(\varrho u) + (u \cdot \nabla_x)(\varrho u) + (\varrho u)\operatorname{div}_x u.$$
Im Gegensatz zu idealen Fluiden, wo die gesamte Kraft auf das Kontrollvolumen V_0 durch den Druck beschrieben wird, leistet bei viskosen Fluiden die innere Reibung einen weiteren Anteil. Die gesamte Kraft f, die auf V_0 wirkt, hängt dementsprechend vom Druck p und der Reibung τ ab. Analog zur Herleitung der Euler-Gleichungen erhalten wir daher für f, wieder nach Anwendung des Gauß'schen Integralsatzes,
$$f = -\int_{V_0} \nabla_x p \mathrm{d}x + \int_{V_0} \operatorname{div}_x \tau \mathrm{d}x = \int_{V_0} (-\nabla_x p + \operatorname{div}_x \tau)\mathrm{d}x.$$
Auf eine Volumeneinheit wirkt also die Kraft $-\nabla_x p + \operatorname{div}_x \tau$ und wir erhalten eine modifizierte, für viskose Fluide gültige Impulsbilanz aus den Euler-Gleichungen, die sogenannten *kompressiblen Navier-Stokes-Gleichungen*:
$$-\nabla_x p + \operatorname{div}_x \tau = \frac{\partial}{\partial t}(\varrho u) + (u \cdot \nabla_x)(\varrho u) + (\varrho u)\operatorname{div}_x u. \tag{1.8}$$

Wir beschränken uns von nun an auf den Fall eines inkompressiblen und *homogenen* Fluids. Homogen bedeutet, dass die Dichte keine Funktion des Ortes ist. Zusammen mit der Inkompressibilität bedeutet dies $\varrho = const.$, also insbesondere
$$\frac{\mathrm{d}\varrho}{\mathrm{d}t} = 0.$$
Aus der Kontinuitätsgleichung (1.4) folgt daraus unmittelbar
$$\operatorname{div}_x u = 0$$
und die kompressiblen Navier-Stokes-Gleichungen (1.8) vereinfachen sich zu
$$-\nabla_x p + \operatorname{div}_x \tau = \varrho\left(\frac{\partial u}{\partial t} + (u \cdot \nabla_x)u\right). \tag{1.9}$$
Dies sind die *inkompressiblen Navier-Stokes-Gleichungen*.

2 Allgemeines Stokes-Problem

Das Kapitel ist in Anlehnung an [Alb06] und [AC02] verfasst. Für tiefergehende Erläuterungen wurden [Alb12] und [Sch11] verwendet. Von nun an sei das betrachtete Fluid inkompressibel und homogen, es gilt also $\varrho = const.$ und aus der Kontinuitätsgleichung (1.4) folgt

$$\operatorname{div}_x u = 0.$$

Weiterhin sei $\Omega \subseteq \mathbb{R}^3$ ein beschränktes Gebiet mit C^1-Rand in der Momentankonfiguration, das wir uns als durchströmten Raum vorstellen.

2.1 Hilberträume

Wir definieren nun die im Folgenden benötigten Funktionenräume und die schwache Ableitung.

Definition 2.1.1. Wir setzen

$$L^2(\Omega, \mathbb{R}^n) := \{f : \Omega \longrightarrow \mathbb{R}^n \mid f \text{ ist messbar und } \|f\|_{L^2} < \infty\}.$$

$\left(L^2(\Omega, \mathbb{R}^n), (\cdot, \cdot)_{L^2}\right)$ ist ein Hilbertraum bezüglich des Skalarprodukts

$$(f, g)_{L^2} := (f, g)_\Omega := \int_\Omega f(x) \cdot g(x) \mathrm{d}x.$$

Das Skalarprodukt induziert die Norm

$$\|f\|_{L^2} := \|f\|_\Omega = \left(\int_\Omega |f(x)|^2 \mathrm{d}x\right)^{\frac{1}{2}}.$$

Der Beweis der Vollständigkeit von $L^2(\Omega, \mathbb{R}^n)$ ist in [Alt02] zu finden.

Definition 2.1.2 (Schwache Ableitung). Sei $f \in L^2(\Omega, \mathbb{R}^n)$ und $\alpha \in \mathbb{N}_0^n$ ein Multiindex. Wenn es eine Funktion $g \in L^2(\Omega, \mathbb{R}^n)$ gibt, sodass für alle $\varphi \in C_C^\infty(\Omega, \mathbb{R}^n)$

$$(-1)^{|\alpha|}(f, D^\alpha \varphi)_{L^2} = (g, \varphi)_{L^2}$$

gilt, dann heißt g *schwache Ableitung* von f.

Wenn die schwache Ableitung existiert, ist sie eindeutig bestimmt. Den Beweis dazu findet man in [Alb12]. Daher schreiben wir $D^\alpha f := g$.

Definition 2.1.3 (Die Sobolevräume $H_1(\Omega,\mathbb{R}^n)$ und $\mathring{H}_1(\Omega,\mathbb{R}^n)$).

- Wir setzen

$$H_1(\Omega,\mathbb{R}^n) := \{f \in L^2(\Omega,\mathbb{R}^n) \,|\, f \text{ hat schwache Ableitung in } L^2(\Omega,\mathbb{R}^n) \text{ und } \|f\|_{H_1} < \infty\}.$$

  $\big(H_1(\Omega,\mathbb{R}^n),(\cdot,\cdot)_{H_1}\big)$ ist ein Hilbertraum bezüglich des Skalarprodukts

$$(f,g)_{H_1} := (f,g)_{1,\Omega} := \sum_{|\alpha|\le 1}(D^\alpha f, D^\alpha g)_{L^2}.$$

  Das Skalarprodukt induziert die Norm

$$\|f\|_{H_1} := \|f\|_{1,\Omega} := \left(\sum_{|\alpha|\le 1}\|D^\alpha f\|^2_{L^2}\right)^{\frac{1}{2}}.$$

- Wir setzen

$$\mathring{H}_1(\Omega,\mathbb{R}^n) = \overline{C_C^\infty(\Omega,\mathbb{R}^n)}^{\|\cdot\|_{H_1}}.$$

  $\big(\mathring{H}_1(\Omega,\mathbb{R}^n),(\cdot,\cdot)_{H_1}\big)$ ist ein Hilbertraum.

Die Beweise der Vollständigkeit von $H_1(\Omega,\mathbb{R}^n)$ und $\mathring{H}_1(\Omega,\mathbb{R}^n)$ sind in [Alb12] zu finden.

2.2 Allgemeine konstitutive Gleichung, Formulierung des allgemeinen Stokes-Problems

Wir definieren $Q := (0,T)\times\Omega$ und die Funktion $f(t)$ durch

$$\begin{aligned} f(t) &: \overline{\Omega} \longrightarrow \mathbb{R}^n,\\ f(t)(x) &:= f(t,x), \end{aligned}$$

wobei $f : \overline{Q} \longrightarrow \mathbb{R}^n$, $t \in [0,T]$, $x \in \overline{\Omega}$ ist. Weiterhin setzen wir $\mathscr{S}^3$ für die Menge der symmetrischen, reellen 3×3-Matrizen, also

$$\mathscr{S}^3 := \{\xi \in \mathbb{R}^{3\times 3} \,|\, \xi = \xi^T\}.$$

Es sei bemerkt, dass aus der Definition des Deformationstensors (1.6) unmittelbar folgt: $\varepsilon \in \mathscr{S}^3$.

Definition 2.2.1 (Monotones Tensorfeld). Eine Abbildung $F : \mathscr{S}^3 \longrightarrow \mathscr{S}^3$ heißt *monotones Tensorfeld*, wenn für alle $\xi,\eta \in \mathscr{S}^3$ gilt:

$$\big(F(\xi)-F(\eta),\, \xi-\eta\big)_{L^2} \ge 0.$$

Dabei bezeichnet $\cdot$ im L^2-Skalarprodukt das innere Tensorprodukt, das für beliebige $\xi,\eta \in \mathbb{R}^{3\times 3}$ definiert ist durch

$$\xi\cdot\eta := \mathrm{tr}(\xi^T\eta), \tag{2.1}$$

wobei tr die Spur eines Tensors zweiter Stufe bezeichnet.

Betrachten wir nun den Reibungstensor. Er ist wegen $\operatorname{div}_x u = 0$ in einem viskosen Fluid nach (1.7) durch

$$\tau(\nabla_x u) = 2\eta\varepsilon(\nabla_x u)$$

gegeben. Es gilt also $\tau(\nabla_x u) = \tilde{F}\big(\varepsilon(\nabla_x u)\big)$ mit der linearen Funktion $\tilde{F} : \mathscr{S}^3 \longrightarrow \mathscr{S}^3$, $\tilde{F}(\xi) := 2\eta\xi$. Anstatt einer linearen konstitutiven Gleichung für τ betrachten wir im Folgenden eine allgemeine konstitutive Gleichung: Sei

$$\tau(\nabla_x u) = F\big(\varepsilon(\nabla_x u)\big),$$

wobei $F : \mathscr{S}^3 \longrightarrow \mathscr{S}^3$ ein nichtlineares, monotones Tensorfeld ist. Aus (1.9) folgt der Ansatz für die so modifizierten inkompressiblen Navier-Stokes-Gleichungen zu

$$-\nabla_x p + \operatorname{div}_x F\left(\varepsilon(\nabla_x u)\right) = \varrho\left(\frac{\partial u}{\partial t} + (u \cdot \nabla_x)u\right).$$

Wir führen nun eine Halblinearisierung der Gleichung durch, indem wir den konvektiven Term $(u \cdot \nabla_x)u$ vernachlässigen, und erhalten folgende verallgemeinerte inkompressible *Stokes-Gleichungen*:

$$\varrho\frac{\partial u}{\partial t} + \nabla_x p - \operatorname{div}_x F\left(\varepsilon(\nabla_x u)\right) = 0. \tag{2.2}$$

Das Ziel dieser Arbeit ist es, folgendes Anfangs-Randwert-Problem zu lösen.

Allgemeines Stokes-Problem: Sei $\Omega \subseteq \mathbb{R}^3$ ein beschränktes Gebiet mit C^1-Rand, $t \in [0,T]$, $u_0 \in L^2(\Omega,\mathbb{R}^3)$ und $F : \mathscr{S}^3 \longrightarrow \mathscr{S}^3$ ein monotones Tensorfeld. Zeige, dass das Anfangs-Randwert-Problem

$$\begin{aligned}
\varrho\frac{\partial u}{\partial t}(t,x) + \nabla_x p(t,x) - \operatorname{div}_x F\Big(\varepsilon\big(\nabla_x u(t,x)\big)\Big) &= 0, && (t,x) \in \overline{Q},\\
\operatorname{div}_x u(t,x) &= 0, && (t,x) \in \overline{Q},\\
u(t,x) &= u_0, && (t,x) \in \{0\} \times \Omega,\\
u(t,x) &= 0, && (t,x) \in \partial Q,
\end{aligned}$$

eine eindeutige schwache Lösung $(u,p) \in \mathbb{R}^3 \times \mathbb{R}$ in einem geeigneten Funktionenraum hat.

Den Begriff der schwachen Lösung definieren wir in Kapitel 4. Anstatt dieses Problem zu lösen, lösen wir ein äquivalentes Problem, in dem der Druck p nicht mehr auftaucht. Wir erhalten es durch die sogenannte Helmholtz-Projektion, die wir im Folgenden einführen.

2.3 Helmholtz-Projektion und Helmholtz-Zerlegung

Betrachte für gegebenes $b \in L^2(Q,\mathbb{R}^3)$ und unbekanntes $u(t,x) \in \mathbb{R}$ das Neumann-Randwertproblem

$$\Delta_x u(t,x) = \operatorname{div}_x b(t,x), \quad (t,x) \in Q, \tag{2.3}$$

$$n \cdot \nabla_x u|_{\partial Q} = n \cdot b|_{\partial Q}. \tag{2.4}$$

Um den Begriff der schwachen Lösung für (2.3) - (2.4) zu definieren, multiplizieren wir (2.3) mit einer Testfunktion $\varphi \in \mathring{H}_1(Q,\mathbb{R})$, integrieren über Q und verwenden die erste Green'sche Formel. Wir beachten, dass die Oberflächenintegrale verschwinden, da φ am Rand verschwindet.

Definition 2.3.1. Sei $b \in L^2(Q, \mathbb{R}^3)$. Dann ist $u \in H_1(Q, \mathbb{R})$ eine schwache Lösung des Randwertproblems (2.3) - (2.4), wenn für beliebiges $\varphi \in \mathring{H}_1(Q, \mathbb{R})$ gilt:

$$(\nabla_x u, \nabla_x \varphi)_Q = (b, \nabla_x \varphi)_Q \quad \text{in } Q, \tag{2.5}$$
$$n \cdot \nabla_x u|_{\partial Q} = n \cdot b|_{\partial Q}. \tag{2.6}$$

Es ist bekannt, dass das Randwertproblem (2.3) - (2.4) für beliebiges $b \in L^2(Q, \mathbb{R}^3)$ eine eindeutige schwache Lösung $u_N \in H_1(Q, \mathbb{R})$ besitzt. Betrachte nun den Unterraum $G \subseteq L^2(Q, \mathbb{R}^3)$, der gegeben ist durch

$$G := \{\nabla_x u \in L^2(Q, \mathbb{R}^3) \,|\, u \in H_1(Q, \mathbb{R})\},$$

und setze

$$H_{\text{sol}} := \{u \in L^2(Q, \mathbb{R}^3) \,|\, \operatorname{div}_x u = 0,\ n \cdot u|_{\partial Q} = 0\}.$$

Man kann zeigen, dass $(G, \|\cdot\|_\Omega)$ ein Banachraum ist.

Satz 2.3.2 (Helmholtz-Projektion). Definiere den linearen Operator

$$P^\star : L^2(Q, \mathbb{R}^3) \longrightarrow L^2(Q, \mathbb{R}^3),$$
$$P^\star b := \nabla_x u_N,$$

wobei $u_N \in H_1(Q, \mathbb{R})$ die eindeutig bestimmte schwache Lösung von (2.3) - (2.4) ist. $P^\star$ ist eine beschränkte und bezüglich $(\cdot,\cdot)_Q$ orthogonale Projektion mit $\mathcal{R}(P^\star) = G$ und $\mathcal{N}(P^\star) = H_{\text{sol}}$.

Beweis.

- $P^\star$ ist beschränkt: Sei $b \in L^2(Q, \mathbb{R}^3)$. Da u_N per Definition (2.5) erfüllt und da $P^\star b = \nabla_x u_N$ ist, gilt die Gleichung

  $$(P^\star b, \nabla_x \varphi)_Q = (b, \nabla_x \varphi)_Q$$

  für beliebiges $\varphi \in \mathring{H}_1(Q, \mathbb{R})$. Daher folgt aus dem Fundamentallemma der Variationsrechnung $P^\star b = b$, also insbesondere

  $$\|P^\star b\|_Q = \|b\|_Q.$$

  Daher ist $P^\star$ beschränkt.

- $\mathcal{R}(P^\star) = G$:
  „$\subseteq$": Klar nach Definition von $P^\star$.
  „$\supseteq$": Sei $b \in G$. Dann gibt es ein $u \in H_1(Q, \mathbb{R})$, sodass $b = \nabla_x u$. Daraus ergibt sich

  $$P^\star \nabla_x u = P^\star b = \nabla_x u_N.$$

  u erfüllt (2.5). Aus der Eindeutigkeit der schwachen Lösung von (2.3) - (2.4) folgt $u = u_N$, also

  $$P^\star b = \nabla_x u = b.$$

  Dies bedeutet $G \subseteq \mathcal{R}(P^\star)$.

- Aus $\mathcal{R}(P^\star) = G$ folgt insbesondere $P^{\star 2} = P^\star$, denn $\nabla_x u_N \in G$ impliziert

  $$P^{\star 2} b = P^\star(\nabla_x u_N) = \nabla_x u_N = P^\star b$$

  für beliebiges $b \in L^2(Q, \mathbb{R}^3)$.

- $\mathcal{N}(P^\star) = H_{\text{sol}}$:
„⊆": Sei $b \in \mathcal{N}(P^\star)$, also $\nabla_x u_N = P^\star b = 0$. Dann folgt aus (2.5)

$$(b, \nabla_x \varphi)_Q = 0$$

für beliebiges $\varphi \in \mathring{H}_1(Q, \mathbb{R})$, also mit der ersten Green'schen Formel

$$-(\text{div}_x\, b, \varphi)_Q = 0.$$

Mit dem Fundamentallemma der Variationsrechnung erhalten wir $\text{div}_x\, b = 0$. Die Gleichung

$$n \cdot b|_{\partial Q} = 0$$

ergibt sich wegen $\nabla_x u_N = 0$ unmittelbar aus (2.6), beides zusammen ergibt $b \in H_{\text{sol}}$.

„⊇": Sei $b \in H_{\text{sol}}$, also $\text{div}_x\, b = 0$ und $n \cdot b|_{\partial Q} = 0$. Mit der ersten Green'schen Formel gilt

$$0 = -(\text{div}_x\, b, \varphi)_Q = (b, \nabla_x \varphi)_Q$$

für beliebiges $\varphi \in \mathring{H}_1(Q, \mathbb{R})$. Aus (2.5) folgt damit wegen $P^\star b = \nabla_x u_N$

$$(P^\star b, \nabla_x \varphi)_Q = 0$$

für beliebiges $\varphi \in \mathring{H}_1(Q, \mathbb{R})$, woraus mit dem Fundamentallemma der Variationsrechnung $P^\star b = 0$ folgt, d. h. $b \in \mathcal{N}(P^\star)$.

- $P^\star$ ist orthogonal: Sei $\nabla_x u \in G$ und $v \in H_{\text{sol}}$. Dann gilt $\text{div}_x\, v = 0$ und $n \cdot v|_{\partial Q} = 0$, also insbesondere

$$\int_{\partial Q} u(t,x)\big(n(t,x) \cdot v(t,x)\big) \text{d}(t,x) = 0.$$

Damit erhalten wir aus der ersten Green'schen Formel

$$\int_Q \nabla_x u(t,x) \cdot v(t,x) \text{d}(t,x) = -\int_{\partial \Omega} u(t,x) \,\text{div}\, v(t,x) \text{d}(t,x) = 0.$$

Dies bedeutet die Orthogonalität $\mathcal{R}(P^\star) = G = H_{\text{sol}}^\perp = \mathcal{N}(P^\star)^\perp$.

□

Lemma 2.3.3. Jede orthogonale Projektion $P : L^2(Q, \mathbb{R}^3) \longrightarrow L^2(Q, \mathbb{R}^3)$ ist selbstadjungiert, d. h. für beliebige $u, v \in L^2(Q, \mathbb{R}^3)$ gilt

$$(u, Pv)_Q = (Pu, v)_Q.$$

Beweis. Sei $P : L^2(\Omega, \mathbb{R}^3) \longrightarrow L^2(\Omega, \mathbb{R}^3)$ eine orthogonale Projektion und $u, v \in L^2(Q, \mathbb{R}^3)$. Dann gilt $u - Pu \in \mathcal{N}(P)$ und $v - Pv \in \mathcal{N}(P)$ sowie $Pu \in \mathcal{R}(P)$ und $Pv \in \mathcal{R}(P)$, woraus

$$(u - Pu, Pv)_Q = (v - Pv, Pu)_Q = 0$$

folgt. Wir erhalten

$$\begin{aligned} 0 &= (u - Pu, Pv)_Q - (v - Pv, Pu)_Q \\ &= (u, Pv)_Q - (Pu, Pv)_Q - (v, Pu)_Q + (Pv, Pu)_Q \\ &= (u, Pv)_Q - (v, Pu)_Q \\ (v, Pu)_Q &= (u, Pv)_Q. \end{aligned}$$

□

Korollar 2.3.4 (Helmholtz-Zerlegung von $L^2(Q,\mathbb{R}^3)$). Es gilt

$$L^2(Q,\mathbb{R}^3) = H_{\text{sol}} \oplus G.$$

Beweis. Sei $b \in L^2(Q,\mathbb{R}^3)$. Gesucht sind $v \in H_{\text{sol}}$ und $g \in G$ so, dass $b = v + g$ gilt.

- Setze $g := \nabla_x u_N \in G$.
- Setze außerdem $v := b - g$ und betrachte das Randwertproblem (2.3) - (2.4). Für die Lösung $\nabla_x u_N$ dieses Randwertproblems gilt

$$\begin{aligned}\Delta_x u_N(t,x) &= \operatorname{div}_x b(t,x), \quad (t,x) \in Q,\\ n \cdot \nabla_x u|_{\partial Q} &= n \cdot b|_{\partial Q}.\end{aligned}$$

  Wir erhalten mit der Definition von g

$$\begin{aligned}\operatorname{div}_x v &= \operatorname{div}_x b - \operatorname{div}_x g\\ &= \operatorname{div}_x b - \Delta_x u_N\\ &= 0\end{aligned}$$

  und

$$\begin{aligned}n \cdot v|_{\partial Q} &= n \cdot b|_{\partial Q} - n \cdot g|_{\partial Q}\\ &= n \cdot b|_{\partial Q} - n \cdot \nabla_x u_N|_{\partial Q}\\ &= 0,\end{aligned}$$

  also $v \in H_{\text{sol}}$.

- Damit haben wir

$$b = v + g \in L^2(Q,\mathbb{R}^3)$$

  in $v \in H_{\text{sol}}$ und $g \in G$ zerlegt. Aus einem Satz aus der Funktionalanalysis folgt, dass die Summe direkt ist, da $(G, \|\cdot\|_\Omega)$ ein Banachraum und damit abgeschlossen in $L^2(Q,\mathbb{R}^3)$ ist. Außerdem folgt, dass H_{sol} abgeschlossen in $L^2(Q,\mathbb{R}^3)$ ist.

□

2.4 Formulierung des äquivalenten Problems, allgemeiner Stokes-Operator

Betrachte nun $P := I - P^\star$. Dann ist $\mathcal{N}(P) = \mathcal{R}(P^\star) = G$ und $\mathcal{R}(P) = \mathcal{N}(P^\star) = H_{\text{sol}}$. P eliminiert also Gradientenfelder und projiziert divergenzfreie Felder auf sich selbst. Wir betrachten in diesem Zusammenhang die Terme aus (2.2):

$$\varrho \frac{\partial u}{\partial t} + \nabla_x p - \operatorname{div}_x F(\varepsilon(\nabla_x u)) = 0. \tag{2.7}$$

- Aus dem Satz von Schwarz folgt unmittelbar, dass $\operatorname{div}_x(\frac{\partial u}{\partial t}) = 0$, wenn $\operatorname{div}_x u = 0$. Außerdem gilt die Free-slip-Bedingung, d. h. am Rand des Fluids verschwindet die Geschwindigkeit in Normalenrichtung und damit die Beschleunigung in Normalenrichtung, also gilt $n \cdot \frac{\partial u}{\partial t}|_{\partial Q} = 0$. Damit ist $\frac{\partial u}{\partial t} \in H_{\text{sol}}$, d. h.

$$P\frac{\partial u}{\partial t} = \frac{\partial u}{\partial t}.$$

- Trivialerweise ist der Druckgradient $\nabla_x p \in G$ für $p \in H_1(Q,\mathbb{R})$, d. h.

$$P\nabla_x p = 0.$$

Wir wenden P auf (2.7) an und erhalten:

$$\varrho \frac{\partial u}{\partial t} - P \operatorname{div}_x F(\varepsilon(\nabla_x u)) = 0.$$

Der Operator $P \operatorname{div}_x F(\varepsilon(\nabla_x \cdot))$ heißt *allgemeiner Stokes-Operator*. Mit Hilfe dieser Gleichung lässt sich folgendes zum allgemeinen Stokes-Problem äquivalente Anfangs-Randwert-Problem formulieren.

Äquivalentes Problem: Sei $\Omega \subseteq \mathbb{R}^3$ ein beschränktes Gebiet mit C^1-Rand, $t \in [0,T]$, $u_0 \in L^2(\Omega,\mathbb{R}^3)$, $F : \mathscr{S}^3 \longrightarrow \mathscr{S}^3$ ein monotones Tensorfeld und $P \operatorname{div}_x F(\varepsilon(\nabla_x \cdot))$ der allgemeine Stokes-Operator. Zeige, dass das Anfangs-Randwert-Problem

$$\begin{aligned}
\varrho \frac{\partial u}{\partial t}(t,x) - P \operatorname{div}_x F\Big(\varepsilon\big(\nabla_x u(t,x)\big)\Big) &= 0, && (t,x) \in \overline{Q},\\
\operatorname{div}_x u(t,x) &= 0, && (t,x) \in \overline{Q},\\
u(t,x) &= u_0, && (t,x) \in \{0\} \times \Omega,\\
u(t,x) &= 0, && (t,x) \in \partial Q,
\end{aligned}$$

eine eindeutige schwache Lösung $u \in \mathbb{R}^3$ in einem geeigneten Funktionenraum hat.

Wir begründen nun, warum dieses Problem und das allgemeine Stokes-Problem tatsächlich äquivalent sind.

- Es ist klar, dass eine Lösung des allgemeinen Stokes-Problems auch eine Lösung des äquivalenten Problems ist.
- Wir nehmen nun an, wir hätten das äquivalente Problem gelöst. Dann ist u bereits divergenzfrei, also muss nur noch der Druck rekonstruiert werden. Aus folgender Rechnung erhalten wir eine Bestimmungsgleichung für den Druck p. Dabei gehen wir von der Differentialgleichung (2.2) in der Formulierung des allgemeinen Stokes-Problems aus:

$$\begin{aligned}
0 &= \varrho \frac{\partial u}{\partial t} + \nabla_x p - \operatorname{div}_x F\big(\varepsilon(\nabla_x u)\big)\\
&= \varrho \frac{\partial u}{\partial t} - P \operatorname{div}_x F\big(\varepsilon(\nabla_x u)\big) - (I-P) \operatorname{div}_x F\big(\varepsilon(\nabla_x u)\big) + \nabla_x p\\
&= -(I-P) \operatorname{div}_x F\big(\varepsilon(\nabla_x u)\big) + \nabla_x p.
\end{aligned}$$

Dabei haben wir verwendet, dass u das äquivalente Problem löst:

$$\varrho \frac{\partial u}{\partial t} - P \operatorname{div}_x F\big(\varepsilon(\nabla_x u)\big) = 0.$$

Die Bestimmungsgleichung für p lautet nun

$$\nabla_x p = (I-P) \operatorname{div}_x F\big(\varepsilon(\nabla_x u)\big).$$

So ein p kann tatsächlich gefunden werden, da $\mathscr{R}(I-P) = \mathscr{R}(P^\star) = G$ ist, d. h. der Ausdruck $(I-P) \operatorname{div}_x F\big(\varepsilon(\nabla_x u)\big)$ ist ein Gradient einer $H_1(Q,\mathbb{R})$-Funktion, ebenso wie $\nabla_x p$.

3 Benötigte Funktionenräume

In diesem Kapitel folgen wir den Darlegungen in [Alb06]. Sei $\Omega \subseteq \mathbb{R}^3$ ein beschränktes Gebiet mit C^1-Rand. Wir setzen wieder $Q := (0,T) \times \Omega$ und schreiben von nun an $L^2(\Omega)$ für $L^2(\Omega,\mathbb{R}^3)$, $\mathring{H}_1(\Omega)$ für $\mathring{H}_1(\Omega,\mathbb{R}^3)$ etc.

3.1 Hilberträume

Wir wollen $\mathring{H}_1(\Omega)$ über Fourierreihen darstellen. Dazu benötigen wir eine spezielle Orthonormalbasis von $L^2(\Omega)$, welche uns der folgende Satz liefert.

Satz 3.1.1 (Spezielle Orthonormalbasis von $L^2(\Omega)$)**.** Es gibt ein abzählbares, vollständiges Orthonormalsystem $\{v_k\}_{k\in\mathbb{N}}$ von $L^2(\Omega)$, wobei für die v_k gilt: $v_k \in \mathring{H}_1(\Omega)$. Weiterhin gilt: Es gibt eine Folge $\{\alpha_n\}_{n\in\mathbb{N}} \subseteq \mathbb{R}$ mit der Eigenschaft

$$0 < \alpha_1 \leq \alpha_2 \leq \ldots \to \infty,$$

sodass für alle $u \in \mathring{H}_1(\Omega)$ gilt:

$$(\nabla u, \nabla v_k)_\Omega = \alpha_k^2 (u, v_k)_\Omega. \tag{3.1}$$

Außerdem benötigen wir die Poincaré-Ungleichung:

Lemma 3.1.2 (Poincaré-Ungleichung)**.** Es gibt eine von Ω abhängige Konstante $C \in \mathbb{R}$, sodass für alle $u \in \mathring{H}_1(\Omega)$ gilt:

$$\|u\|_\Omega^2 \leq C\|\nabla u\|_\Omega^2. \tag{3.2}$$

Beweis. Der Beweis kann in [Alb06] gefunden werden. □

Satz 3.1.3 (Die Räume $L^2(\Omega)$ und $\mathring{H}_1(\Omega)$)**.** Sei $a_k := (u, v_k)_\Omega$ und $u = \sum_{k=1}^\infty a_k v_k \in L^2(\Omega)$. Dann gilt

$$\|u\|_\Omega^2 = \sum_{k=1}^\infty a_k^2.$$

Außerdem lässt sich $\mathring{H}_1(\Omega)$ schreiben als

$$\mathring{H}_1(\Omega) = \left\{ u = \sum_{k=1}^\infty a_k v_k \in L^2(\Omega) \,\middle|\, \sum_{k=1}^\infty \alpha_k^2 a_k^2 < \infty \right\}.$$

Beweis. Der Beweis kann in [Alb06] gefunden werden. □

Für $u \in \mathring{H}_1(\Omega)$ sind $\|\nabla u\|_\Omega$ und $\|u\|_{1,\Omega}$ äquivalent, denn die Poincaré-Ungleichung (3.2) impliziert

$$\|\nabla u\|_\Omega \leq \|u\|_{1,\Omega} = \|u\|_\Omega + \|\nabla u\|_\Omega \leq (\sqrt{C}+1)\|\nabla u\|_\Omega.$$

Damit ist $\left(\mathring{H}_1(\Omega), (\nabla\cdot,\nabla\cdot)_\Omega, \|\nabla\cdot\|_\Omega\right)$ ein Hilbertraum. Im Folgenden statten wir daher $\mathring{H}_1(\Omega)$ mit $(\nabla\cdot,\nabla\cdot)_\Omega$ und $\|\nabla\cdot\|_\Omega$ aus.

Definition 3.1.4 (Der Raum $H_{-1}(\Omega)$). Sei $a_k := (u, v_k)_\Omega$. Satz 3.1.3 motiviert die folgende Definition:

$$H_{-1}(\Omega) := \left\{ u = \sum_{k=1}^{\infty} a_k v_k \,\middle|\, \sum_{k=1}^{\infty} \alpha_k^{-2} a_k^2 < \infty \right\}.$$

Seien $v = \sum_{k=1}^{\infty} b_k v_k$ und $w = \sum_{k=1}^{\infty} c_k v_k$. Wir versehen $H_{-1}(\Omega)$ mit folgendem Skalarprodukt und der dadurch induzierten Norm

$$(v, w)_{-1} = \sum_{k=1}^{\infty} \alpha_k^{-2} b_k c_k, \qquad \|v\|_{-1}^2 = \sum_{k=1}^{\infty} \alpha_k^{-2} b_k^2.$$

$\left(H_{-1}(\Omega), (\cdot,\cdot)_{-1}, \|\cdot\|_{-1}\right)$ ist ein Hilbertraum.

Bemerkung 3.1.5. Da nach Satz 3.1.1 für alle $k \in \mathbb{N}$ gilt $\alpha_k > 0$, folgen aus den Gleichungen

$$\begin{aligned} \|u\|_\Omega^2 &= \sum_{k=1}^{\infty} a_k^2, \\ \|u\|_{H_1}^2 &= \sum_{k=1}^{\infty} \alpha_k^2 a_k^2, \\ \|u\|_{-1}^2 &= \sum_{k=1}^{\infty} \alpha_k^{-2} a_k^2 \end{aligned}$$

die Abschätzungen

$$\|u\|_\Omega^2 \leq \|u\|_{H_1}^2, \tag{3.3}$$

$$\|u\|_\Omega^2 \leq \|u\|_{-1}^2. \tag{3.4}$$

Lemma 3.1.6. *$H_{-1}(\Omega)$ ist isometrisch isomorph zum Dualraum von $\mathring{H}_1(\Omega)$. Wir identifizieren $H_{-1}(\Omega)$ mit dem Dualraum und schreiben*

$$H_{-1}(\Omega) = \mathring{H}_1(\Omega)'.$$

Beweis. Der Beweis kann in [Alb06] gefunden werden. □

3.2 Bochnerräume

Wir führen nun Bochnerräume ein. Sie sind verallgemeinerte L^p-Räume und bieten die Grundlage für den Funktionenraum, in dem die schwache Lösung des äquivalenten Problems liegt. Wir benötigen zuvor noch zwei weitere Begriffe und ein darauf aufbauendes Resultat, um Messbarkeit durch Separabilität zu erhalten. Dabei beziehen wir uns auf [Sch09].

Definition 3.2.1 (Schwach messbar, fast separables Bild). Sei X ein Banachraum mit Dualraum X'.

- Eine Funktion $u : [0, T] \longrightarrow X$ heißt *schwach messbar*, wenn für alle $f \in X'$ gilt:

$$t \mapsto \langle f, u(t) \rangle \text{ ist messbar.}$$

- Eine Funktion $u : [0, T] \longrightarrow X$ hat *fast separables Bild*, wenn es eine Nullmenge $N \subseteq [0, T]$ gibt, sodass $u([0, T] \backslash N)$ separabel ist.

Satz 3.2.2 (Pettis). Sei X ein Banachraum. Eine Funktion $u : [0, T] \longrightarrow X$ ist genau dann messbar, wenn sie schwach messbar ist und fast separables Bild hat.

Bemerkung 3.2.3. Ist X ein separabler Banachraum, so ist $u([0, T]) \subseteq X$ separabel, da Teilmengen separabler Mengen eines Banachraums selbst separabel sind. u hat also separables Bild, daher insbesondere fast separables Bild (setze $N := \emptyset$). Wir erhalten aus dem Satz von Pettis:

Korollar 3.2.4. Sei X ein separabler Banachraum. Dann ist $u : [0, T] \longrightarrow X$ genau dann messbar, wenn u schwach messbar ist.

Wir sind nun bereit, Bochnerräume einzuführen.

Definition 3.2.5 (Der Bochnerraum $L^2(0, T; X)$). Sei X ein Banachraum. Setze

$$L^2(0, T; X) := \{u : [0, T] \longrightarrow X \mid u \text{ ist schwach messbar, } \|u\|_{L^2(X)} < \infty\},$$

wobei

$$\|u\|_{L^2(X)} := \left(\int_0^T \|u(t)\|_X^2 \mathrm{d}t \right)^{\frac{1}{2}}$$

eine Norm ist. Ausgestattet mit dieser Norm ist $L^2(0, T; X)$ ein Banachraum. Er wird *Bochnerraum* genannt.

Da $\mathring{H}_1(\Omega)$ eine Teilmenge von $L^2(\Omega)$ ist und da $L^2(\Omega)$ separabel ist, ist $\mathring{H}_1(\Omega)$ separabel. Nach dem Riesz'schen Darstellungssatz ist ein Hilbertraum zu seinem Dualraum isometrisch isomorph, also ist $H_{-1}(\Omega)$ isometrisch isomorph zu $\mathring{H}_1(\Omega)$. Daher ist auch $H_{-1}(\Omega)$ separabel. Aus Korollar 3.2.4 ergeben sich nun unmittelbar folgende zwei Bochnerräume:

$$L^2\big(0, T; \mathring{H}_1(\Omega)\big) = \{u : [0, T] \longrightarrow \mathring{H}_1(\Omega) \mid u \text{ ist messbar, } \|u\|_{L^2(H_1)} < \infty\},$$
$$L^2\big(0, T; H_{-1}(\Omega)\big) = \{u : [0, T] \longrightarrow H_{-1}(\Omega) \mid u \text{ ist messbar, } \|u\|_{L^2(H_{-1})} < \infty\}.$$

Lemma 3.2.6. Sei $u = \sum_{k=1}^{\infty} \alpha_k v_k$ und $a_k \in L^2\big((0, T)\big)$ für $k \in \mathbb{N}$. Dann gilt

$$\|u\|_{L^2(H_1)}^2 = \sum_{k=1}^{\infty} \alpha_k^2 \|a_k\|_{(0,T)}^2,$$
$$\|u\|_{L^2(H_{-1})}^2 = \sum_{k=1}^{\infty} \alpha_k^{-2} \|a_k\|_{(0,T)}^2.$$

In anderen Worten: u konvergiert genau dann in $L^2\big(0, T; \mathring{H}_1(\Omega)\big)$, wenn $\sum_{k=1}^{\infty} \alpha_k^2 \|a_k\|_{(0,T)}^2 < \infty$, und u konvergiert genau dann in $L^2\big(0, T; H_{-1}(\Omega)\big)$, wenn $\sum_{k=1}^{\infty} \alpha_k^{-2} \|a_k\|_{(0,T)}^2 < \infty$.

Beweis. Wir beweisen nur die erste Aussage; der Beweis der zweiten Aussage verläuft analog.

- Wir zeigen zunächst, dass die Partialsummenfolge

$$\{u_m\}_{m\in\mathbb{N}} = \left\{\sum_{k=1}^{m} a_k v_k\right\}_{m\in\mathbb{N}}$$

genau dann eine Cauchyfolge in $L^2\big(0,T;\mathring{H}_1(\Omega)\big)$ ist, wenn die Partialsummenfolge

$$\{w_m\}_{m\in\mathbb{N}} = \left\{\sum_{k=1}^{m} \alpha_k^2 \|a_k\|_{(0,T)}^2\right\}_{m\in\mathbb{N}}$$

eine Cauchyfolge in $\mathbb{R}$ ist. Da sowohl $L^2\big(0,T;\mathring{H}_1(\Omega)\big)$ als auch $\mathbb{R}$ vollständig sind, konvergiert $\{u_m\}_{m\in\mathbb{N}}$ genau dann, wenn $\{w_m\}_{m\in\mathbb{N}}$ konvergiert.

Sei also $\{u_m\}_{m\in\mathbb{N}} = \left\{\sum_{k=1}^{m} a_k v_k\right\}_{m\in\mathbb{N}}$ eine Cauchyfolge in $L^2\big(0,T;\mathring{H}_1(\Omega)\big)$. Dann gibt es für alle $\varepsilon > 0$ ein $N \in \mathbb{N}$, sodass für alle $n \geq l \geq N$ mit $n, l \in \mathbb{N}$ gilt:

$$\|u_n - u_l\|_{L^2(H_1)}^2 < \varepsilon.$$

Wir berechnen:

$$\begin{aligned}
\|u_n - u_l\|_{L^2(H_1)}^2 &= \int_0^T \left\|\nabla_x \sum_{k=l+1}^{n} a_k(t) v_k\right\|_\Omega^2 \mathrm{d}t \\
&= \int_0^T \left\|\sum_{k=l+1}^{n} a_k(t) \nabla v_k\right\|_\Omega^2 \mathrm{d}t \\
&= \int_0^T \sum_{k=l+1}^{n} \alpha_k^2 a_k(t)^2 \mathrm{d}t \\
&= \sum_{k=l+1}^{n} \alpha_k^2 \int_0^T a_k(t)^2 \mathrm{d}t \\
&= \sum_{k=l+1}^{n} \alpha_k^2 \|a_k\|_{(0,T)}^2 \\
&= \left|\sum_{k=l+1}^{n} \alpha_k^2 \|a_k\|_{(0,T)}^2\right| \\
&= |w_n - w_l|.
\end{aligned}$$

Also haben wir

$$|w_n - w_l| < \varepsilon$$

und $\{w_m\}_{m\in\mathbb{N}} = \left\{\sum_{k=1}^{m} \alpha_k^2 \|a_k\|_{(0,T)}^2\right\}_{m\in\mathbb{N}}$ ist eine Cauchyfolge in $\mathbb{R}$. Dieselbe Rechnung beweist die umgekehrte Richtung.

- Führt man die Rechnung für $l = 0$ durch, so erhält man
$$\|u_n\|^2_{L^2(H_1)} = |w_n|$$
für alle $n \in \mathbb{N}$, also gilt für die Grenzwerte u und w:
$$\|u\|^2_{L^2(H_1)} = |w|.$$
Wir erhalten
$$\|u\|^2_{L^2(H_1)} = |w| = \left|\sum_{k=1}^{\infty} \alpha_k^2 \|a_k\|^2_{(0,T)}\right| = \sum_{k=1}^{\infty} \alpha_k^2 \|a_k\|^2_{(0,T)}.$$

□

Analog zu $\mathring{H}_1(\Omega)$ und $H_{-1}(\Omega)$ stellen wir die beiden Bochnerräume über Fourierreihen dar.

Satz 3.2.7 (Die Bochnerräume $L^2\big(0,T;\mathring{H}_1(\Omega)\big)$ und $L^2\big(0,T;H_{-1}(\Omega)\big)$). Es gilt
$$L^2\big(0,T;\mathring{H}_1(\Omega)\big) = \left\{u = \sum_{k=1}^{\infty} a_k v_k \,\middle|\, u(t) \in \mathring{H}_1(\Omega),\ a_k \in L^2\big((0,T)\big),\ \sum_{k=1}^{\infty} \alpha_k^2 \|a_k\|^2_{(0,T)} < \infty\right\},$$
$$L^2\big(0,T;H_{-1}(\Omega)\big) = \left\{u = \sum_{k=1}^{\infty} a_k v_k \,\middle|\, u(t) \in H_{-1}(\Omega),\ a_k \in L^2\big((0,T)\big),\ \sum_{k=1}^{\infty} \alpha_k^{-2} \|a_k\|^2_{(0,T)} < \infty\right\}.$$

Beweis. Wir beweisen nur die erste Aussage; der Beweis der zweiten Aussage verläuft analog.

„$\subseteq$": Sei $u = \sum_{k=1}^{\infty} a_k v_k \in L^2\big(0,T;\mathring{H}_1(\Omega)\big)$, d. h.

- $u : [0,T] \longrightarrow \mathring{H}_1(\Omega)$ ist messbar,
- $\|u\|_{L^2(H_1)} < \infty$.

Wir müssen zeigen:

- $a_k \in L^2\big((0,T)\big)$,
- $\sum_{k=1}^{\infty} \alpha_k^2 \|a_k\|^2_{(0,T)} < \infty$.

Zum ersten Punkt: Die lineare Abbildung $\mathring{H}_1(\Omega) \longrightarrow \mathbb{R}$, $w \mapsto (w, v_k)_\Omega$ ist beschränkt, denn mit (3.3) gilt wegen $v_k \in \mathring{H}_1(\Omega)$:
$$|(w, v_k)_\Omega| \leq \|w\|_\Omega \|v_k\|_\Omega \leq \|w\|_{H_1} \|v_k\|_{H_1} < \infty.$$
Daher ist die Abbildung stetig, also messbar. Da u messbar ist, folgt aus $a_k = (u, v_k)_\Omega$ die Messbarkeit von a_k.

Weiterhin gilt wegen $\|u\|_{L^2(H_1)} < \infty$:
$$\begin{aligned}
\|a_k\|^2_{(0,T)} &= \int_0^T |a_k(t)|^2 \mathrm{d}t \\
&\leq \int_0^T \|u(t)\|^2_{H_1} \|v_k\|^2_{H_1} \mathrm{d}t \\
&= \|v_k\|^2_{H_1} \int_0^T \|u(t)\|^2_{H_1} \mathrm{d}t \\
&= \|v_k\|^2_{H_1} \|u\|^2_{L^2(H_1)} < \infty.
\end{aligned}$$

Der zweite Punkt folgt unmittelbar aus Lemma 3.2.6, denn $\|u\|_{L^2(H_1)} < \infty$ impliziert, dass u in $L^2\big(0,T;\mathring{H}_1(\Omega)\big)$ konvergiert.

„$\supseteq$": Sei $w = \sum_{k=1}^{\infty} a_k v_k$ mit $w(t) \in \mathring{H}_1(\Omega)$, sodass gilt:

- $a_k \in L^2\big((0,T)\big)$,
- $\sum_{k=1}^{\infty} \alpha_k^2 \|a_k\|_{(0,T)}^2 < \infty$.

Wir müssen zeigen:

- w ist messbar,
- $\|w\|_{L^2(H_1)} < \infty$.

Zum ersten Punkt: Da $a_k = (w, v_k)_\Omega$ messbar ist, ist w messbar.

Zum zweiten Punkt: Nach Voraussetzung konvergiert $\{w_m(t)\}_{m\in\mathbb{N}} = \big\{\sum_{k=1}^{m} a_k(t) v_k\big\}_{m\in\mathbb{N}}$ für beliebiges $t \in [0,T]$ in $\mathring{H}_1(\Omega)$ gegen $w(t)$. Daher stimmt $w(t)$ mit dem Grenzwert u von $\big\{\sum_{k=1}^{m} a_k v_k\big\}_{m\in\mathbb{N}}$ in allen t überein, also gilt

$$w = u.$$

Aus Lemma 3.2.6 erhalten wir $\|w\|_{L^2(H_1)} < \infty$, denn $\sum_{k=1}^{\infty} \alpha_k^2 \|a_k\|_{(0,T)}^2 < \infty$ impliziert, dass w in $L^2\big(0,T;\mathring{H}_1(\Omega)\big)$ konvergiert. □

Bemerkung 3.2.8. Sei $u = \sum_{k=1}^{\infty} a_k v_k$. Wir berechnen

$$\begin{aligned}
\|u\|_Q^2 &= \left(\sum_{k=1}^{\infty} a_k v_k, \sum_{l=1}^{\infty} a_l v_l\right)_Q \\
&= \int_0^T \sum_{k=1}^{\infty}\sum_{l=1}^{\infty} a_k(t) a_l(t) (v_k, v_l)_\Omega \mathrm{d}t \\
&= \int_0^T \sum_{k=1}^{\infty} a_k(t)^2 \mathrm{d}t \\
&= \sum_{k=1}^{\infty} \int_0^T |a_k(t)|^2 \mathrm{d}t \\
&= \sum_{k=1}^{\infty} \|a_k\|_{(0,T)}^2.
\end{aligned}$$

Außerdem gilt

$$\|\nabla_x u\|_Q^2 = \int_0^T \|\nabla_x u(t)\|_\Omega^2 \mathrm{d}t = \|u\|_{L^2(H_1)}^2.$$

Nach Lemma 3.2.6 gelten die Gleichungen

$$\begin{aligned}
\|u\|_{L^2(H_1)}^2 &= \sum_{k=1}^{\infty} \alpha_k^2 \|a_k\|_{(0,T)}^2, \\
\|u\|_{L^2(H_{-1})}^2 &= \sum_{k=1}^{\infty} \alpha_k^{-2} \|a_k\|_{(0,T)}^2,
\end{aligned}$$

sodass wir wegen $\alpha_k > 0$ für $k \in \mathbb{N}$ haben:

$$\|u\|_Q^2 \leq \|u\|_{L^2(H_1)}^2 = \|\nabla_x u\|_Q^2, \tag{3.5}$$

$$\|u\|_Q^2 \leq \|u\|_{L^2(H_{-1})}^2. \tag{3.6}$$

Lemma 3.2.9. $L^2\big(0,T;H_{-1}(\Omega)\big)$ ist isometrisch isomorph zum Dualraum von $L^2\big(0,T;\mathring{H}_1(\Omega)\big)$. Wir identifizieren $L^2\big(0,T;H_{-1}(\Omega)\big)$ mit dem Dualraum und schreiben

$$L^2\big(0,T;H_{-1}(\Omega)\big) = L^2\big(0,T;\mathring{H}_1(\Omega)\big)'.$$

Beweis. Der Beweis kann in [Alb06] gefunden werden. □

Bemerkung 3.2.10. Hilberträume sind reflexiv, also isometrisch isomorph zu ihrem Bidualraum. Damit können wir $L^2\big(0,T;\mathring{H}_1(\Omega)\big)'' = L^2\big(0,T;\mathring{H}_1(\Omega)\big)$ schreiben, sodass wir aus Lemma 3.2.9 erhalten:

$$L^2\big(0,T;\mathring{H}_1(\Omega)\big) = L^2\big(0,T;H_{-1}(\Omega)\big)'.$$

Analog zur schwachen Ableitung definieren wir die schwache Zeitableitung in $L^2\big(0,T;H_{-1}(\Omega)\big)$.

Definition 3.2.11 (Schwache Zeitableitung). Sei $u \in L^2\big(0,T;H_{-1}(\Omega)\big)$. Wenn es eine Funktion $v \in L^2\big(0,T;H_{-1}(\Omega)\big)$ gibt, sodass für alle $\varphi \in C_C^\infty(Q)$

$$-\langle u, \varphi_t\rangle = \langle v, \varphi\rangle$$

gilt, dann heißt v *schwache Zeitableitung* von u.

Die Terme sind nach Lemma 3.2.9 wohldefiniert, da $C_C^\infty(Q)$ ein dichter Unterraum von $L^2\big(0,T;\mathring{H}_1(\Omega)\big)$ ist. Wenn die schwache Zeitableitung existiert, ist sie eindeutig bestimmt. Der Beweis kann in [Alb06] gefunden werden. Daher schreiben wir $u_t := v$.

Wir können nun einen Bochnerraum definieren, dessen Elemente schwache Zeitableitungen besitzen:

Definition 3.2.12. Setze

$$H_1\big(0,T;H_{-1}(\Omega)\big) := \left\{u \in L^2\big(0,T;H_{-1}(\Omega)\big) \,\middle|\, u_t \text{ existiert und es gilt } u_t \in L^2\big(0,T;H_{-1}(\Omega)\big)\right\}.$$

Eine Norm für $H_1\big(0,T;H_{-1}(\Omega)\big)$ ist

$$\|u\|_{H_1(H_{-1})}^2 := \|u\|_{L^2(H_{-1})}^2 + \|u_t\|_{L^2(H_{-1})}^2.$$

Ausgestattet mit $\|u\|_{H_1(H_{-1})}$ ist $H_1\big(0,T;H_{-1}(\Omega)\big)$ ein Hilbertraum.

Satz 3.2.13 (Der Bochnerraum $H_1\big(0,T;H_{-1}(\Omega)\big)$). Es gilt

$$H_1\big(0,T;H_{-1}(\Omega)\big) = \left\{u = \sum_{k=1}^{\infty} a_k v_k \,\middle|\, u(t) \in H_{-1}(\Omega),\, a_k \in H_1\big((0,T)\big),\, \|u\|_{H_1(H_{-1})} < \infty\right\},$$

wobei

$$\|u\|_{H_1(H_{-1})}^2 = \sum_{k=1}^{\infty} \alpha_k^{-2}\big(\|a_k\|_{(0,T)}^2 + \|a_k'\|_{(0,T)}^2\big)$$

ist.

Der Beweis kann in [Alb06] gefunden werden. Die Hauptarbeit liegt darin, zu zeigen, dass die schwache Zeitableitung u_t von $u = \sum_{k=1}^{\infty} a_k v_k$ die Fourierreihendarstellung

$$u_t = \sum_{k=1}^{\infty} a_k' v_k$$

hat. Dies folgt aus der Definition der schwachen Zeitableitung unter Verwendung des folgenden Lemmas:

Lemma 3.2.14. Zu jedem $v \in L^2\big(0,T;\mathring{H}_1(\Omega)\big)'$ gibt es ein eindeutig bestimmtes $\sum_{k=1}^{\infty} c_k v_k \in L^2\big(0,T;H_{-1}(\Omega)\big)$, sodass für alle $w = \sum_{k=1}^{\infty} w_k v_k \in L^2\big(0,T;\mathring{H}_1(\Omega)\big)$ gilt:

$$\langle v, w\rangle = \sum_{k=1}^{\infty} (c_k, w_k)_{(0,T)}.$$

Beweis. Der Beweis kann in [Alb06] gefunden werden. □

Wir kommen nun zur Definition des Raums, der bei der Lösbarkeit des äquivalenten Problems eine große Rolle spielt: In ihm wird die gesuchte schwache Lösung liegen.

Definition 3.2.15 (Der Hilbertraum V). Setze

$$V := L^2\big(0,T;\mathring{H}_1(\Omega)\big) \cap H_1\big(0,T;H_{-1}(\Omega)\big).$$

Aus den Sätzen über die jeweiligen Bochnerräume 3.2.7 und 3.2.13 ergibt sich umittelbar, dass

$$V = \left\{ u = \sum_{k=1}^{\infty} a_k v_k \,\middle|\, u(t) \in \mathring{H}_1(\Omega) \cap H_{-1}(\Omega),\ a_k \in H_1\big((0,T)\big),\ \|u\|_V < \infty \right\}$$

gilt, wobei

$$\|u\|_V^2 := \|u\|_{L^2(H_1)}^2 + \|u_t\|_{L^2(H_{-1})}^2$$

eine Norm auf V ist. Man sieht mit Lemma 3.2.6 sofort, dass

$$\|u\|_V^2 = \sum_{k=1}^{\infty} \big(\alpha_k^2 \|a_k\|_{(0,T)}^2 + \alpha_k^{-2} \|a_k'\|_{(0,T)}^2\big)$$

gilt. Wir versehen V mit dem Skalarprodukt

$$(u, v)_V := \sum_{k=1}^{\infty} \big(\alpha_k^2 (a_k, d_k)_{(0,T)} + \alpha_k^{-2} (a_k', d_k')_{(0,T)}\big),$$

wobei $u = \sum_{k=1}^{\infty} a_k v_k \in V$ und $v = \sum_{k=1}^{\infty} d_k v_k \in V$. Dieses Skalarprodukt induziert die Norm $\|\cdot\|_V$. $\big(V, (\cdot,\cdot)_V, \|\cdot\|_V\big)$ ist ein Hilbertraum.

Bemerkung 3.2.16. Für $u, v \in V$ gilt insbesondere $v \in L^2\big(0,T;\mathring{H}_1(\Omega)\big)$ und $u_t \in L^2\big(0,T;H_{-1}(\Omega)\big) = L^2\big(0,T;\mathring{H}_1(\Omega)\big)'$. Daher ist $\langle u_t, v\rangle$ definiert. Gleichermaßen gilt $v_t \in L^2\big(0,T;H_{-1}(\Omega)\big)$ und $u \in L^2\big(0,T;\mathring{H}_1(\Omega)\big) = L^2\big(0,T;H_{-1}(\Omega)\big)'$ (beachte dazu Bemerkung 3.2.10), sodass auch $\langle u, v_t\rangle$ definiert ist. Wir erhalten aus Lemma 3.2.14 folgendes Resultat:

Korollar 3.2.17. Sei $u = \sum_{k=1}^{\infty} a_k v_k \in V$ und $v = \sum_{k=1}^{\infty} d_k v_k \in V$. Dann gilt

$$\langle u_t, v\rangle = \sum_{k=1}^{\infty} (a_k', d_k)_{(0,T)},$$
$$\langle u, v_t\rangle = \sum_{k=1}^{\infty} (a_k, d_k')_{(0,T)}.$$

3.3 Spuroperator und Spursatz

In diesem Abschnitt zeigen wir, dass man Randwerte für Funktionen aus V definieren kann. Wir zitieren zunächst aus [Alb12] für den eindimensionalen Fall:

Satz 3.3.1 (Spursatz für $H_1\big((a,b)\big)$). Sei $(a,b) \subseteq \mathbb{R}$ ein offenes Intervall und $u, v \in H_1\big((a,b)\big)$. Dann gilt für fast alle $x, y \in (a,b)$ und für alle $r \in (0, b-a]$:

$$(u', v)_{(a,b)} + (u, v')_{(a,b)} = u(b)v(b) - u(a)v(a). \tag{3.7}$$

Wir formulieren nun einen analogen Spursatz für V:

Satz 3.3.2 (Spursatz für V). Es existieren stetige, lineare Abbildungen $P_0, P_T : V \longrightarrow L^2(\Omega)$, sodass für alle $u, v \in V$ gilt:

$$\langle u_t, v\rangle + \langle u, v_t\rangle = (P_T u, P_T v)_\Omega - (P_0 u, P_0 v)_\Omega, \tag{3.8}$$
$$\langle u_t, u\rangle = \frac{1}{2}\|P_T u\|_\Omega^2 - \frac{1}{2}\|P_0 u\|_\Omega^2. \tag{3.9}$$

Wir schreiben

$$P_T u = u(T), \qquad P_0 u = u(0)$$

und nennen P_T, P_0 *Spuroperatoren*. Die Bilder $P_T u$, $P_0 u$ heißen *Spur* von u.

Beweis. Seien $u, v \in V$. Wir schreiben $u = \sum_{k=1}^{\infty} a_k v_k$ und $v = \sum_{k=1}^{\infty} b_k v_k$.

- Da $a_k, b_k \in H_1\big((0,T)\big)$ ist, existieren nach dem Spursatz im Eindimensionalen die Spuren $a_k(0)$ und $a_k(T)$ sowie $b_k(0)$ und $b_k(T)$. Nach (3.7) gilt für alle $k \in \mathbb{N}$:

$$(a_k', b_k)_{(0,T)} + (a_k, b_k')_{(0,T)} = a_k(T)b_k(T) - a_k(0)b_k(0). \tag{3.10}$$

  Daraus erhalten wir, wenn wir $b_k = a_k$ setzen,

$$(a_k', a_k)_{(0,T)} = \frac{1}{2}\big(a_k(T)^2 - a_k(0)^2\big).$$

  Mit Korollar 3.2.17 folgt daraus

$$\langle u_t, u\rangle = \sum_{k=1}^{\infty} (a_k', a_k)_{(0,T)} = \sum_{k=1}^{\infty} \frac{1}{2}\big(a_k(T)^2 - a_k(0)^2\big). \tag{3.11}$$

- Wir definieren nun

$$\varphi \in C^{\infty}\big((0,T),\mathbb{R}\big),$$
$$\varphi(t) := \begin{cases} 0, & t \leq \frac{1}{4} \\ 1, & t \geq \frac{3}{4} \end{cases}$$

und zeigen, dass

$$\varphi u = \sum_{k=1}^{\infty} (\varphi a_k) v_k \in V$$

gilt. Dazu:

  - $\varphi a_k \in H_1\big((0,T)\big)$: Wegen $a_k \in H_1\big((0,T)\big)$ und $\varphi \in C^{\infty}\big((0,T),\mathbb{R}\big)$ gilt $\|a_k\|_{1,(0,T)} = \|a_k\|_{(0,T)} + \|a_k'\|_{(0,T)} < \infty$ sowie $\|\varphi\|_\infty < \infty$ und $\|\varphi'\|_\infty < \infty$. Wir erhalten mit der Minkowski-Ungleichung und der Hölder-Ungleichung:

$$\begin{aligned} \|\varphi a_k\|_{1,(0,T)} &= \|\varphi a_k\|_{(0,T)} + \|(\varphi a_k)'\|_{(0,T)} \\ &\leq \|\varphi a_k\|_{(0,T)} + \|\varphi' a_k\|_{(0,T)} + \|\varphi a_k'\|_{(0,T)} \\ &\leq \|\varphi\|_\infty \|a_k\|_{(0,T)} + \|\varphi'\|_\infty \|a_k\|_{(0,T)} + \|\varphi\|_\infty \|a_k'\|_{(0,T)} \\ &< \infty. \end{aligned}$$

  - $\|\varphi u\|_V < \infty$: Wir berechnen zunächst

$$\begin{aligned} 0 &\leq \|\varphi' a_k - \varphi a_k'\|^2_{(0,T)} \\ 2(\varphi' a_k, \varphi a_k')_{(0,T)} &\leq \|\varphi' a_k\|^2_{(0,T)} + \|\varphi a_k'\|^2_{(0,T)} \\ \|\varphi' a_k\|^2_{(0,T)} + 2(\varphi' a_k, \varphi a_k')_{(0,T)} + \|\varphi a_k'\|^2_{(0,T)} &\leq 2\|\varphi' a_k\|^2_{(0,T)} + 2\|\varphi a_k'\|^2_{(0,T)} \\ \|\varphi' a_k + \varphi a_k'\|^2_{(0,T)} &\leq 2\|\varphi' a_k\|^2_{(0,T)} + 2\|\varphi a_k'\|^2_{(0,T)} \end{aligned}$$

und erhalten damit unter Verwendung der Hölder-Ungleichung

$$\begin{aligned} \|(\varphi a_k)'\|^2_{(0,T)} &= \|\varphi' a_k + \varphi a_k'\|^2_{(0,T)} \\ &\leq 2\|\varphi' a_k\|^2_{(0,T)} + 2\|\varphi a_k'\|^2_{(0,T)} \\ &\leq 2\|\varphi'\|^2_\infty \|a_k\|^2_{(0,T)} + 2\|\varphi\|^2_\infty \|a_k'\|^2_{(0,T)} \\ &= 2\|\varphi'\|^2_\infty \|a_k\|^2_{(0,T)} + 2\|a_k'\|^2_{(0,T)}. \end{aligned}$$

Beachte nun, dass $\|\varphi a_k\|_{(0,T)} \leq \|\varphi\|_\infty \|a_k\|_{(0,T)} = \|a_k\|_{(0,T)}$ gilt. Es folgt

$$\begin{aligned} \alpha_k^2 \|\varphi a_k\|^2_{(0,T)} + \alpha_k^{-2} \|(\varphi a_k)'\|^2_{(0,T)} &\leq \alpha_k^2 \|a_k\|^2_{(0,T)} + 2\alpha_k^{-2} \|\varphi'\|^2_\infty \|a_k\|^2_{(0,T)} + 2\alpha_k^{-2} \|a_k'\|^2_{(0,T)} \\ &\leq 2\alpha_k^2 \|a_k\|^2_{(0,T)} + 2\alpha_k^{-2} \|\varphi'\|^2_\infty \|a_k\|^2_{(0,T)} + 2\alpha_k^{-2} \|a_k'\|^2_{(0,T)} \\ &\quad + 2\alpha_k^{-6} \|\varphi'\|^2_\infty \|a_k'\|^2_{(0,T)} \\ &= 2\big(1 + \alpha_k^{-4} \|\varphi'\|^2_\infty\big)\big(\alpha_k^2 \|a_k\|^2_{(0,T)} + \alpha_k^{-2} \|a_k'\|^2_{(0,T)}\big) \\ &\leq 2\big(1 + \alpha_1^{-4} \|\varphi'\|^2_\infty\big)\big(\alpha_k^2 \|a_k\|^2_{(0,T)} + \alpha_k^{-2} \|a_k'\|^2_{(0,T)}\big). \end{aligned}$$

Die letzte Abschätzung gilt wegen der Monotonie der α_k, da

$$0 < \alpha_1^{-1} = \max_{k \in \mathbb{N}} \alpha_k^{-1}.$$

Wir setzen $C := 2\big(1 + \alpha_1^{-4} \|\varphi'\|^2_\infty\big)$ als von k unabhängige Konstante. Summiert man beide Seiten über alle $k \in \mathbb{N}$, erhält man

$$\|\varphi u\|_V^2 \leq C \|u\|_V^2, \tag{3.12}$$

also $\|\varphi u\|_V < \infty$, da $\|u\|_V < \infty$.

Wir dürfen φu also in (3.11) einsetzen und erhalten wegen $(\varphi a_k)(0) = 0$:

$$\langle (\varphi u)_t, \varphi u \rangle = \frac{1}{2} \sum_{k=1}^{\infty} a_k(T)^2. \tag{3.13}$$

Dies bedeutet insbesondere, dass $\sum_{k=1}^{\infty} a_k(T)^2$ konvergiert.

- Wir setzen nun

$$P_T u := \sum_{k=1}^{\infty} a_k(T) v_k$$

und zeigen, dass P_T linear und stetig ist und nach $L^2(\Omega)$ abbildet.

  - Linearität: Sei $\lambda \in \mathbb{R}$ und $u, v \in V$. Wir beachten, dass per Definition $a_k(T) = \big(u(T), v_k\big)_\Omega$ und $b_k(T) = \big(v(T), v_k\big)_\Omega$ gilt, und erhalten

$$\begin{aligned} P_T(\lambda u + v) &= \sum_{k=1}^{\infty} \big(\lambda u(T) + v(T), v_k\big)_\Omega v_k \\ &= \lambda \sum_{k=1}^{\infty} \big(u(T), v_k\big)_\Omega v_k + \sum_{k=1}^{\infty} \big(v(T), v_k\big)_\Omega v_k \\ &= \lambda P_T u + P_T v. \end{aligned}$$

  - P_T bildet nach $L^2(\Omega)$ ab. Es gilt

$$\|P_T u\|_\Omega^2 = \left(\sum_{k=1}^{\infty} a_k(T) v_k, \sum_{l=1}^{\infty} a_l(T) v_l \right)_\Omega = \sum_{k=1}^{\infty} a_k(T)^2 < \infty,$$

  da die Reihe konvergiert. Also gilt $P_T u \in L^2(\Omega)$.

  - P_T ist stetig: Wir zeigen, dass P_T beschränkt ist. Es gilt mit (3.12) und (3.13) unter Beachtung von (3.5) und (3.6):

$$\begin{aligned} \|P_T u\|_\Omega^2 &= 2\langle (\varphi u)_t, \varphi u \rangle \\ &\leq 2\|(\varphi u)_t\|_Q \|\varphi u\|_Q \\ &\leq 2\|(\varphi u)_t\|_{L^2(H_{-1})} \|\varphi u\|_{L^2(H_1)} \\ &\leq 2\|\varphi u\|_V \|\varphi u\|_V \\ &\leq 2C\|u\|_V^2. \end{aligned}$$

  Also gilt $\|P_T u\|_\Omega \leq \sqrt{2C}\|u\|_V$ und P_T ist beschränkt.

- Außerdem setzen wir

$$P_0 u := \sum_{k=1}^{\infty} a_k(0) v_k.$$

Für ein ähnliches φ kann man zeigen, dass auch P_0 ein stetiger, linearer Operator ist, der nach $L^2(\Omega)$ abbildet.

- Es bleibt, die Gültigkeit der Gleichungen (3.8) und (3.9) zu zeigen. Mit Korollar 3.2.17 und (3.10) erhalten wir

$$
\begin{aligned}
\langle u_t, v\rangle + \langle u, v_t\rangle &= \sum_{k=1}^{\infty}\left((a_k', b_k)_{(0,T)} + (a_k, b_k')_{(0,T)}\right) \\
&= \sum_{k=1}^{\infty}(a_k(T)b_k(T) - a_k(0)b_k(0)) \\
&= \sum_{k=1}^{\infty} a_k(T)b_k(T) - \sum_{k=1}^{\infty} a_k(0)b_k(0) \\
&= \left(\sum_{k=1}^{\infty} a_k(T)v_k, \sum_{l=1}^{\infty} b_l(T)v_l\right)_{\Omega} - \left(\sum_{k=1}^{\infty} a_k(0)v_k, \sum_{l=1}^{\infty} b_l(0)v_l\right)_{\Omega} \\
&= (P_T u, P_T v)_{\Omega} - (P_0 u, P_0 v)_{\Omega}.
\end{aligned}
$$

- Aus (3.11) folgt unmittelbar

$$
\langle u_t, u\rangle = \frac{1}{2}\sum_{k=1}^{\infty} a_k(T)^2 - \frac{1}{2}\sum_{k=1}^{\infty} a_k(0)^2 = \frac{1}{2}\|P_T u\|_{\Omega}^2 - \frac{1}{2}\|P_0 u\|_{\Omega}^2.
$$

□

Im folgenden Kapitel betrachten wir nur Räume divergenzfreier Funktionen. Dazu schränken wir die in diesem Kapitel eingeführten Räume auf divergenzfreie Räume ein, d. h. wir betrachten

$$
\begin{aligned}
H_{1,\mathrm{sol}}(\Omega) &:= H_1(\Omega) \cap H_{\mathrm{sol}}, \\
\mathring{H}_{1,\mathrm{sol}}(\Omega) &:= \mathring{H}_1(\Omega) \cap H_{\mathrm{sol}}, \\
L^2_{\mathrm{sol}}\big(0, T; \mathring{H}_1(\Omega)\big) &:= L^2\big(0, T; \mathring{H}_1(\Omega)\big) \cap H_{\mathrm{sol}}, \\
V_{\mathrm{sol}} &:= V \cap H_{\mathrm{sol}}
\end{aligned}
$$

etc. Man kann zeigen, dass all diese Unterräume abgeschlossen sind - sie sind also selbst Hilberträume mit demselben (eingeschränkten) Skalarprodukt und derselben Norm. Daher gilt der Spursatz auch für V_{sol}.

4 Lösung des äquivalenten Problems

Wir rufen zunächst das äquivalente Problem in Erinnerung und präzisieren es:

Präzisierung des äquivalenten Problems: Sei $\Omega \subseteq \mathbb{R}^3$ ein beschränktes Gebiet mit C^1-Rand, $t \in [0,T]$, $u_0 \in L^2(\Omega)$, $F : \mathscr{S}^3 \longrightarrow \mathscr{S}^3$ ein monotones Tensorfeld und $P \operatorname{div}_x F(\varepsilon(\nabla_x \cdot)) : V_{\text{sol}} \longrightarrow V_{\text{sol}}$ der allgemeine Stokes-Operator. Zeige, dass das Anfangs-Randwert-Problem

$$\varrho u_t(t,x) - P \operatorname{div}_x F\big(\varepsilon\big(\nabla_x u(t,x)\big)\big) = 0, \qquad (t,x) \in \overline{Q}, \tag{4.1}$$

$$\operatorname{div}_x u(t,x) = 0, \qquad (t,x) \in \overline{Q}, \tag{4.2}$$

$$u(t,x) = u_0, \qquad (t,x) \in \{0\} \times \Omega, \tag{4.3}$$

$$u(t,x) = 0, \qquad (t,x) \in \partial Q, \tag{4.4}$$

eine eindeutige schwache Lösung $u \in V_{\text{sol}}$ hat.

Die Beweisführung folgt dem Kapitel „Existence of solutions for nonlinear initial-boundary value problems" aus [Alb06].

4.1 Eindeutigkeit der schwachen Lösung des äquivalenten Problems

Um den Begriff der schwachen Lösung für das äquivalente Problem (4.1) - (4.4) zu definieren, gehen wir wie gewöhnlich vor: wir multiplizieren (4.1) mit einer Testfunktion, integrieren über Q und verwenden partielle Integration. Beachte, dass für eine Testfunktion $\varphi \in C^\infty_{C,\text{sol}}\big((-\infty,T) \times \Omega\big)$ gilt:

$$\begin{aligned}
(u_t,\varphi)_Q &= \int_\Omega \int_0^T u_t(t,x)\varphi(t,x)\mathrm{d}t\mathrm{d}x \\
&= \int_\Omega [u(t,x)\varphi(t,x)]_0^T \mathrm{d}x - \int_\Omega \int_0^T u(t,x)\varphi_t(t,x)\mathrm{d}t\mathrm{d}x \\
&= \int_\Omega -u(0,x)\varphi(0,x)\mathrm{d}x - (u,\varphi_t)_Q \\
&= -\big(u_0,\varphi(0)\big)_\Omega - (u,\varphi_t)_Q.
\end{aligned}$$

Definition 4.1.1 (Schwache Lösung des äquivalenten Problems). Sei $P \operatorname{div}_x F\big(\varepsilon(\nabla_x \cdot)\big) \in L^2(Q)$ und $u_0 \in L^2(\Omega)$. Eine Funktion $u \in L^2_{\text{sol}}\big(0,T;\mathring{H}_1(\Omega)\big)$ ist eine schwache Lösung von (4.1) - (4.4), wenn für alle $\varphi \in C^\infty_{C,\text{sol}}\big((-\infty,T) \times \Omega\big)$ gilt:

$$\varrho(u,\varphi_t)_Q + \varrho\,(u_0,\varphi(0))_\Omega + \Big(P \operatorname{div}_x F\big(\varepsilon(\nabla_x u)\big),\varphi\Big)_Q = 0.$$

Wir geben im Folgenden ein Gleichungssystem für schwache Lösungen in V_{sol} an. Dazu bemerken wir, dass $C^\infty_{C,\text{sol}}\big((-\infty,T) \times \Omega\big)$ ein Unterraum von V_{sol} ist und dass $C^\infty_{C,\text{sol}}(Q)$ dicht in $L^2_{\text{sol}}\big(0,T;\mathring{H}_1(\Omega)\big)$ ist.

Satz 4.1.2 (Gleichungssystem für schwache Lösungen in V_{sol}). Sei $u \in V_{\text{sol}}$ und $u_0 \in L^2(\Omega)$ sowie $F\big(\varepsilon(\nabla_x u)\big) \in L^2(Q)$. Dann ist u eine schwache Lösung von (4.1) - (4.4), d. h. es gilt für beliebiges $\varphi \in C^\infty_{C,\text{sol}}\big((-\infty, T) \times \Omega\big)$

$$\varrho(u, \varphi_t)_Q + \varrho\big(u_0, \varphi(0)\big)_\Omega + \Big(P \operatorname{div}_x F\big(\varepsilon(\nabla_x u)\big), \varphi\Big)_Q = 0,$$

genau dann, wenn für alle $v \in V_{\text{sol}}$ gilt:

$$\varrho\langle u_t, v\rangle + \Big(F\big(\varepsilon(\nabla_x u)\big), \nabla_x v\Big)_Q = 0, \tag{4.5}$$

$$u(0) = u_0. \tag{4.6}$$

Beweis. Vorbereitende Rechnung: Sei $u \in V_{\text{sol}}$ und $u_0 \in L^2(\Omega)$ sowie $F\big(\varepsilon(\nabla_x u)\big) \in L^2(Q)$ und $\varphi \in C^\infty_{C,\text{sol}}\big((-\infty, T) \times \Omega\big) \subseteq V_{\text{sol}}$. Aus (3.8) folgt

$$\begin{aligned}
\langle u_t, \varphi\rangle + \langle u, \varphi_t\rangle &= (P_T u, P_T \varphi)_\Omega - (P_0 u, P_0 \varphi)_\Omega \\
&= \big(u(T), \varphi(T)\big)_\Omega - \big(u(0), \varphi(0)\big)_\Omega \\
&= -\big(u(0), \varphi(0)\big),
\end{aligned}$$

da $\varphi(T) = 0$. Weiterhin gilt $\langle u, \varphi_t\rangle = (u, \varphi_t)_Q$ und $P\varphi = \varphi$, sodass wir mit der Selbstadjungiertheit von P und der ersten Green'schen Formel erhalten:

$$\begin{aligned}
& \varrho(u, \varphi_t)_Q + \varrho\big(u_0, \varphi(0)\big)_Q + \Big(P \operatorname{div}_x F\big(\varepsilon(\nabla_x u)\big), \varphi\Big)_Q = 0 \\
\iff \quad & \varrho\Big[-\big(u(0), \varphi(0)\big)_\Omega - \langle u_t, \varphi\rangle\Big] + \varrho\big(u_0, \varphi(0)\big)_\Omega + \Big(\operatorname{div}_x F\big(\varepsilon(\nabla_x u)\big), P\varphi\Big)_Q = 0 \\
\iff \quad & \varrho\big(u_0 - u(0), \varphi(0)\big)_\Omega - \varrho\langle u_t, \varphi\rangle + \Big(\operatorname{div}_x F\big(\varepsilon(\nabla_x u)\big), \varphi\Big)_Q = 0 \\
\iff \quad & \varrho\big(u_0 - u(0), \varphi(0)\big)_\Omega - \varrho\langle u_t, \varphi\rangle - \Big(F\big(\varepsilon(\nabla_x u)\big), \nabla_x \varphi\Big)_Q = 0.
\end{aligned} \tag{4.7}$$

„$\Longrightarrow$":

- Sei $\varrho\big(u_0 - u(0), \varphi(0)\big)_\Omega - \varrho\langle u_t, \varphi\rangle - \Big(F\big(\varepsilon(\nabla_x u)\big), \nabla_x \varphi\Big)_Q = 0$ und $v \in L^2_{\text{sol}}\big(0, T; \mathring{H}_1(\Omega)\big)$. Da $C^\infty_{C,\text{sol}}(Q)$ dicht in $L^2_{\text{sol}}\big(0, T; \mathring{H}_1(\Omega)\big)$ ist, gibt es eine Folge $\{\varphi_k\}_{k\in\mathbb{N}} \subseteq C^\infty_{C,\text{sol}}(Q)$, sodass $\{\varphi_k\}_{k\in\mathbb{N}}$ in $L^2_{\text{sol}}\big(0, T; \mathring{H}_1(\Omega)\big)$ gegen v konvergiert:

  $$\|v - \varphi_k\|_{L^2(H_1)} \to 0.$$

  Daher gilt insbesondere $\|v - \varphi_k\|_Q \to 0$ und $\|\nabla_x v - \nabla_x \varphi_k\|_Q \to 0$. Außerdem ist die lineare Abbildung $L^2_{\text{sol}}\big(0, T; \mathring{H}_1(\Omega)\big) \longrightarrow \mathbb{R}$, $v \mapsto \langle u_t, v\rangle$ stetig, denn mit (3.5) und (3.6) gilt

  $$\begin{aligned}
  |\langle u_t, v\rangle| &= |(u_t, v)_Q| \\
  &\le \|u_t\|_Q \|v\|_Q \\
  &\le \|u_t\|_{L^2(H_{-1})} \|v\|_{L^2(H_1)} < \infty,
  \end{aligned}$$

  da $u \in V_{\text{sol}}$. Damit gelten folgende zwei Gleichungen:

  $$\lim_{k\to\infty} \langle u_t, \varphi_k\rangle = \langle u_t, v\rangle,$$

  $$\lim_{k\to\infty} \Big(F\big(\varepsilon(\nabla_x u)\big), \nabla_x \varphi_k\Big)_Q = \Big(F\big(\varepsilon(\nabla_x u)\big), \nabla_x v\Big)_Q.$$

Wegen $\{\varphi_k\}_{k\in\mathbb{N}} \subseteq C^{\infty}_{C,\text{sol}}(Q)$ gilt $\varphi_k(0) = 0$ für alle $k \in \mathbb{N}$. Es folgt

$$\begin{aligned} 0 &= \lim_{k\to\infty}\Big[\varrho\big(u_0 - u(0), \varphi_k(0)\big)_\Omega - \varrho\langle u_t, \varphi_k\rangle - \Big(F\big(\varepsilon(\nabla_x u)\big), \nabla_x\varphi_k\Big)_Q\Big] \\ &= \lim_{k\to\infty}\Big[-\varrho\langle u_t, \varphi_k\rangle - \Big(F\big(\varepsilon(\nabla_x u)\big), \nabla_x\varphi_k\Big)_Q\Big] \\ &= -\varrho\langle u_t, v\rangle - \Big(F\big(\varepsilon(\nabla_x u)\big), \nabla_x v\Big)_Q. \end{aligned}$$

Diese Gleichung gilt für beliebiges $v \in L^2_{\text{sol}}\big(0, T, \mathring{H}_1(\Omega)\big)$, also wegen $V_{\text{sol}} \subseteq L^2_{\text{sol}}\big(0, T, \mathring{H}_1(\Omega)\big)$ für alle $v \in V_{\text{sol}}$. Dies ist (4.5).

- Da (4.5) für beliebiges $v \in L^2_{\text{sol}}\big(0, T, \mathring{H}_1(\Omega)\big)$ gilt und da $C^{\infty}_{C,\text{sol}}\big((-\infty, T)\times\Omega\big) \subseteq L^2_{\text{sol}}\big(0, T, \mathring{H}_1(\Omega)\big)$ ist, gilt (4.5) für alle $\varphi \in C^{\infty}_{C,\text{sol}}\big((-\infty, T)\times\Omega\big)$. Zusammen mit der Annahme in Form von (4.7) ergibt sich daraus

$$\big(u_0 - u(0), \varphi(0)\big)_\Omega = 0.$$

Da $\varphi(0) \in C^{\infty}_{C,\text{sol}}(\Omega)$ beliebig ist, folgt mit dem Fundamentallemma der Variationsrechnung:

$$u(0) = u_0.$$

Dies ist (4.6).

„$\Longleftarrow$": Einsetzen der beiden Voraussetzungen (4.6) und (4.5) in (4.7) liefert eine wahre Aussage, also gilt die dazu äquivalente Gleichung

$$\varrho(u, \varphi_t)_Q + \varrho\big(u_0, \varphi(0)\big)_\Omega + \Big(P\,\text{div}_x F\big(\varepsilon(\nabla_x u)\big), \varphi\Big)_Q = 0$$

für beliebiges $\varphi \in C^{\infty}_{C,\text{sol}}\big((-\infty, T)\times\Omega\big)$. □

Satz 4.1.3 (Eindeutigkeit der schwachen Lösung des äquivalenten Problems). Sei $u_0 \in L^2(\Omega)$ und $F\big(\varepsilon(\nabla_x u)\big) \in L^2(Q)$ für $u \in V_{\text{sol}}$. Wenn das äquivalente Problem (4.1) - (4.4) eine schwache Lösung in V_{sol} besitzt, dann ist sie eindeutig bestimmt.

Beweis. Angenommen, das äquivalente Problem (4.1) - (4.4) hat zwei schwache Lösungen $u, v \in V_{\text{sol}}$. Nach (4.5) gilt dann

$$\begin{aligned} \varrho\langle u_t, u\rangle + \Big(F\big(\varepsilon(\nabla_x u)\big), \nabla_x u\Big)_Q &= 0, \\ -\varrho\langle u_t, v\rangle - \Big(F\big(\varepsilon(\nabla_x u)\big), \nabla_x v\Big)_Q &= 0, \\ -\varrho\langle v_t, u\rangle - \Big(F\big(\varepsilon(\nabla_x v)\big), \nabla_x u\Big)_Q &= 0, \\ \varrho\langle v_t, v\rangle + \Big(F\big(\varepsilon(\nabla_x v)\big), \nabla_x v\Big)_Q &= 0. \end{aligned}$$

Summieren dieser Gleichungen liefert

$$\varrho\langle u_t - v_t, u - v\rangle + \Big(F\big(\varepsilon(\nabla_x u)\big) - F\big(\varepsilon(\nabla_x v)\big), \nabla_x u - \nabla_x v\Big)_Q = 0. \tag{4.8}$$

Nach (3.9) gilt wegen $u(0) = u_0 = v(0)$:

$$\langle u_t - v_t, u - v \rangle = \frac{1}{2}\|u(T) - v(T)\|_\Omega^2.$$

Man rechnet leicht nach, dass

$$\Big(F\big(\varepsilon(\nabla_x u)\big) - F\big(\varepsilon(\nabla_x v)\big), \nabla_x u - \nabla_x v\Big)_Q = \Big(F\big(\varepsilon(\nabla_x u)\big) - F\big(\varepsilon(\nabla_x v)\big), \varepsilon(\nabla_x u) - \varepsilon(\nabla_x v)\Big)_Q$$

gilt. Mit diesen beiden Gleichungen erhalten wir aus (4.8)

$$\frac{1}{2}\varrho\|u(T) - v(T)\|_\Omega^2 = -\Big(F\big(\varepsilon(\nabla_x u)\big) - F\big(\varepsilon(\nabla_x v)\big), \varepsilon(\nabla_x u) - \varepsilon(\nabla_x v)\Big)_Q$$

und mit der Monotonie von F folgt

$$\frac{1}{2}\varrho\|u(T) - v(T)\|_\Omega^2 \leq 0.$$

Daher gilt $\|u(T) - v(T)\|_\Omega = 0$, also $u(T) = v(T)$ für beliebiges $T \geq 0$. Dies bedeutet $u = v$. □

4.2 Approximative Lösungen

Wir bemerken zunächst, dass man sich ε als Abbildung vorstellen kann:

$$\varepsilon : \mathbb{R}^{3\times 3} \longrightarrow \mathscr{S}^3,$$
$$\varepsilon(\xi) = \frac{1}{2}(\xi + \xi^T).$$

Man sieht sofort, dass ε linear ist und dass $\varepsilon \in C^1(\mathbb{R}^{3\times 3}, \mathscr{S}^3)$ gilt. Wir definieren noch

$$\|\nabla F\|_{L^\infty(\mathbb{R}^{3\times 3})} := \sup_{\xi \in \mathbb{R}^{3\times 3}} \big|\nabla F\big(\varepsilon(\xi)\big)\big|$$

und verlangen, dass von nun an stets alle folgenden Bedingungen erfüllt sind:

- Ω ist ein beschränktes Gebiet mit C^1-Rand.
- $u_0 \in L^2(\Omega)$.
- F ist monoton.
- $F \in C^1(\mathscr{S}^3, \mathscr{S}^3)$.
- $F\big(\varepsilon(\nabla_x u)\big) \in L^2(Q)$ für $u \in V_{\text{sol}}$.
- $F(0) = 0$.
- $\|\nabla F\|_{L^\infty(\mathbb{R}^{3\times 3})} < \infty$.
- Es existieren Konstanten $c_1 > 0$, $c_2 \geq 0$, sodass für alle $\xi \in \mathbb{R}^{3\times 3}$ gilt:

$$c_1|\xi|^2 - c_2 \leq F\big(\varepsilon(\xi)\big) \cdot \xi. \tag{4.9}$$

- Es existiert eine Konstante $c_3 > 0$, sodass für alle $\xi \in \mathbb{R}^{3\times 3}$ gilt:

$$\big|F\big(\varepsilon(\xi)\big)\big| \leq c_3|\xi|. \tag{4.10}$$

Bemerkung 4.2.1. Beachte, dass für $\xi \in \mathbb{R}^{3\times 3}$ gilt:

$$|\xi^T| = \sqrt{\operatorname{tr}(\xi\xi^T)} = \sqrt{\operatorname{tr}(\xi^T\xi)} = |\xi|.$$

Insbesondere haben wir für $\nabla v \in L^2(\Omega, \mathbb{R}^{3\times 3})$

$$\begin{aligned}
\|\nabla v^T\|_\Omega^2 &= \int_\Omega |\nabla v(x)^T|^2 \mathrm{d}x \\
&= \int_\Omega |\nabla v(x)|^2 \mathrm{d}x \\
&= \|\nabla v\|_\Omega^2.
\end{aligned}$$

Satz 4.2.2 (Approximative Lösungen). Seien die Bedingungen aus der Liste erfüllt. Dann gibt es zu jedem $m \in \mathbb{N}$ approximative Lösungen

$$u_m(t,x) := \sum_{k=1}^m a_{mk}(t) v_k(x)$$

mit $a_{mk} \in C^1([0,T])$, sodass für $l = 1, \ldots, m$ und $t \in [0,T]$ gilt:

$$\frac{\mathrm{d}}{\mathrm{d}t}\varrho\big(u_m(t), v_l\big)_\Omega + \Big(F\big(\varepsilon(\nabla_x u_m(t))\big), \nabla v_l\Big)_\Omega = 0, \tag{4.11}$$

$$\big(u_m(0), v_l\big)_\Omega = (u_0, v_l)_\Omega. \tag{4.12}$$

Außerdem erfüllt u_m für alle $t \in [0,T]$:

$$\|u_m(t)\|_\Omega \leq \|u_0\|_\Omega, \tag{4.13}$$

$$\Big(F\big(\varepsilon(\nabla_x u_m)\big), \nabla_x u_m\Big)_Q \leq \frac{1}{2}\varrho\|u_0\|_\Omega^2. \tag{4.14}$$

Beweis.

- Wir setzen zunächst die Definition von u_m in (4.11) und (4.12) ein und erhalten für $l = 1, \ldots, m$:

$$\begin{aligned}
\frac{\mathrm{d}}{\mathrm{d}t}\varrho\left(\sum_{k=1}^m a_{mk}(t) v_k, v_l\right)_\Omega + \left(F\Big(\varepsilon\Big(\nabla_x \sum_{k=1}^m a_{mk}(t) v_k\Big)\Big), \nabla v_l\right)_\Omega &= 0 \\
\varrho\frac{\mathrm{d}}{\mathrm{d}t}a_{ml}(t) + \left(F\Big(\sum_{k=1}^m \varepsilon\big(a_{mk}(t)\nabla v_k\big)\Big), \nabla v_l\right)_\Omega &= 0
\end{aligned}$$

  und

$$\begin{aligned}
\left(\sum_{k=1}^m a_{mk}(0) v_k, v_l\right)_\Omega &= (u_0, v_l)_\Omega \\
a_{ml}(0) &= (u_0, v_l)_\Omega.
\end{aligned}$$

  Setzen wir

$$a(t) := \big(a_{m1}(t), \ldots, a_{mm}(t)\big) \in \mathbb{R}^m$$

und

$$G:\mathbb{R}^m \longrightarrow \mathbb{R}^m, \quad G(a) := \left(\left(F\Big(\sum_{k=1}^m \varepsilon(a_{mk}\nabla v_k)\Big), \nabla v_1\right)_\Omega, \dots, \left(F\Big(\sum_{k=1}^m \varepsilon(a_{mk}\nabla v_k)\Big), \nabla v_m\right)_\Omega\right),$$

so erhalten wir folgendes Anfangswertproblem aus einem nichtlinearen gewöhnlichen Differentialgleichungssystem für $[0,T] \longrightarrow \mathbb{R}^m$, $t \mapsto a(t)$:

$$\varrho \frac{\mathrm{d}}{\mathrm{d}t} a(t) = -G\big(a(t)\big), \tag{4.15}$$

$$a(0) = \big((u_0, v_1)_\Omega, \dots, (u_0, v_m)_\Omega\big). \tag{4.16}$$

- Wir zeigen als nächstes, dass G Lipschitz-stetig ist. Es ist $G \in C^1(\mathbb{R}^m, \mathbb{R}^m)$, da $\varepsilon \in C^1(\mathbb{R}^{3\times 3}, \mathscr{S}^3)$ und nach Voraussetzung $F \in C^1(\mathscr{S}^3, \mathscr{S}^3)$ gilt. Wir berechnen zunächst

$$\begin{aligned}
\frac{\partial}{\partial a_{mi}} \varepsilon\big(a_{mi}\nabla v_i(x)\big) &= \frac{\partial}{\partial a_{mi}}\left(\frac{1}{2}a_{mi}\nabla v_i(x) + \frac{1}{2}a_{mi}\nabla v_i(x)^T\right) \\
&= \left(\frac{1}{2}\nabla v_i(x) + \frac{1}{2}\nabla v_i(x)^T\right)
\end{aligned}$$

und erhalten mit der Kettenregel unter Beachtung von Bemerkung 4.2.1:

$$\begin{aligned}
\frac{\partial}{\partial u_{mi}} G_l(a) &= \frac{\partial}{\partial u_{mi}} \left(F\Big(\sum_{k=1}^m \varepsilon\big(a_{mk}\nabla v_k\big)\Big), \nabla v_l\right)_\Omega \\
&= \frac{\partial}{\partial a_{mi}} \int_\Omega F\Big(\sum_{k=1}^m \varepsilon\big(a_{mk}\nabla v_k(x)\big)\Big) \cdot \nabla v_l(x) \mathrm{d}x \\
&= \int_\Omega \nabla F\Big(\sum_{k=1}^m \varepsilon\big(a_{mk}\nabla v_k(x)\big)\Big) \frac{\partial}{\partial a_{mi}} \varepsilon\big(a_{mi}\nabla v_i(x)\big) \cdot \nabla v_l(x) \mathrm{d}x \\
&= \int_\Omega \nabla F\Big(\sum_{k=1}^m \varepsilon\big(a_{mk}\nabla v_k(x)\big)\Big) \left(\frac{1}{2}\nabla v_i(x) + \frac{1}{2}\nabla v_i(x)^T\right) \cdot \nabla v_l(x) \mathrm{d}x \\
&\le \|\nabla F\|_{L^\infty(\mathbb{R}^{3\times 3})} \int_\Omega \left(\frac{1}{2}\nabla v_i(x) + \frac{1}{2}\nabla v_i(x)^T\right) \cdot \nabla v_l(x) \mathrm{d}x \\
&\le \|\nabla F\|_{L^\infty(\mathbb{R}^{3\times 3})} \left(\frac{1}{2}\|\nabla v_i\|_\Omega + \frac{1}{2}\|\nabla v_i^T\|_\Omega\right) \|\nabla v_l\|_\Omega \\
&= \|\nabla F\|_{L^\infty(\mathbb{R}^{3\times 3})} \|\nabla v_i\|_\Omega \|\nabla v_l\|_\Omega \\
&< \infty
\end{aligned}$$

nach Voraussetzung. Da alle partiellen Ableitungen in allen Komponenten von G beschränkt sind, folgt aus dem Mittelwertsatz der Differentialrechnung die Lipschitz-Stetigkeit von G.

- Nach dem Satz von Picard-Lindelöf existiert wegen der Lipschitzstetigkeit von G ein $\tau > 0$, sodass das Anfangswertproblem (4.15) - (4.16) eine eindeutig bestimmte Lösung $a \in C^1\big([0,\tau)\big)$ hat. Weiterhin gilt, dass a fortgesetzt werden kann zu einer Lösung $a \in C^1([0,T])$, wenn ein $g \in C([0,T])$ existiert, sodass für alle $t \in [0,T]$ gilt:

$$|a(t)| \le g(t).$$

Um ein solches g zu finden, multiplizieren wir (4.11) mit $a_{ml}(t)$ und (4.12) mit $a_{ml}(0)$ und summieren jeweils von 1 bis m bezüglich l. Dazu berechnen wir vorbereitend

$$\begin{aligned}\sum_{l=1}^{m}\left(\frac{\mathrm{d}}{\mathrm{d}t}\varrho\big(u_m(t),v_l\big)_\Omega\right)a_{ml}(t) &= \varrho\sum_{l=1}^{m}\left(\frac{\mathrm{d}}{\mathrm{d}t}u_m(t),v_l\right)_\Omega a_{ml}(t)\\ &= \varrho\left(\frac{\mathrm{d}}{\mathrm{d}t}u_m(t),\sum_{l=1}^{m}a_{ml}(t)v_l\right)_\Omega\\ &= \varrho\left(\frac{\mathrm{d}}{\mathrm{d}t}u_m(t),u_m(t)\right)_\Omega\\ &= \frac{1}{2}\varrho\frac{\mathrm{d}}{\mathrm{d}t}\big(u_m(t),u_m(t)\big)_\Omega.\end{aligned}$$

Wir erhalten aus (4.11) nach Multiplikation mit $a_{ml}(t)$ und Summation:

$$\begin{aligned}\sum_{l=1}^{m}\left(\frac{\mathrm{d}}{\mathrm{d}t}\varrho\big(u_m(t),v_l\big)_\Omega\right)a_{ml}(t)+\sum_{l=1}^{m}\Big(F\big(\varepsilon\big(\nabla u_m(t)\big)\big),\nabla v_l\Big)_\Omega a_{ml}(t) &= 0\\ \frac{1}{2}\varrho\frac{\mathrm{d}}{\mathrm{d}t}\big(u_m(t),u_m(t)\big)_\Omega+\Big(F\big(\varepsilon\big(\nabla u_m(t)\big)\big),\nabla u_m(t)\Big)_\Omega &= 0\\ \frac{1}{2}\varrho\frac{\mathrm{d}}{\mathrm{d}t}\|u_m(t)\|_\Omega^2+\Big(F\big(\varepsilon\big(\nabla u_m(t)\big)\big),\nabla u_m(t)\Big)_\Omega &= 0\end{aligned}\tag{4.17}$$

und aus (4.12) nach Multiplikation mit $a_{ml}(0)$ und Summation:

$$\begin{aligned}\sum_{l=1}^{m}\big(u_m(0),v_l\big)_\Omega a_{ml}(0) &= \sum_{l=1}^{m}\big(u_0,v_l\big)_\Omega a_{ml}(0)\\ \big(u_m(0),u_m(0)\big)_\Omega &= \big(u_0,u_m(0)\big)_\Omega\\ \|u_m(0)\|_\Omega^2 &= \big(u_0,u_m(0)\big)_\Omega.\end{aligned}\tag{4.18}$$

Aus (4.17) folgt mit $F(0)=0$ und der Monotonie von F:

$$\begin{aligned}\varrho\|u_m(t)\|_\Omega\frac{\mathrm{d}}{\mathrm{d}t}\|u_m(t)\|_\Omega &= \frac{1}{2}\varrho\frac{\mathrm{d}}{\mathrm{d}t}\|u_m(t)\|_\Omega^2\\ &= -\Big(F\big(\varepsilon\big(\nabla u_m(t)\big)\big),\nabla u_m(t)\Big)_\Omega\\ &= -\Big(F\big(\varepsilon\big(\nabla u_m(t)\big)\big)-F\big(\varepsilon(\nabla 0)\big),\nabla u_m(t)-\nabla 0\Big)_\Omega\\ &\le 0.\end{aligned}$$

Daraus folgt nach Division durch $\varrho\|u_m(t)\|_\Omega$ die Ungleichung

$$\frac{\mathrm{d}}{\mathrm{d}t}\|u_m(t)\|_\Omega\le 0,$$

woraus nach Integration über $[0,t]$ weiter folgt:

$$\|u_m(t)\|_\Omega-\|u_m(0)\|_\Omega\le 0,$$

also

$$\|u_m(t)\|_\Omega\le\|u_m(0)\|_\Omega.$$

Aus (4.18) folgt

$$\|u_m(0)\|_\Omega \le \|u_0\|_\Omega.$$

Wir erhalten damit für beliebiges $t \in [0,T]$:

$$\|u_m(t)\|_\Omega \le \|u_0\|_\Omega. \tag{4.19}$$

Dies ist (4.13).

- Da aber

$$\begin{aligned}
|a(t)|^2 &= \sum_{k=1}^{m} a_{mk}(t)^2 \\
&= \left(\sum_{k=1}^{m} a_{mk}(t)v_k, \sum_{l=1}^{m} a_{ml}(t)v_l\right)_\Omega \\
&= \left(u_m(t), u_m(t)\right)_\Omega \\
&= \|u_m(t)\|_\Omega^2
\end{aligned}$$

gilt, erhalten wir gleichermaßen

$$|a(t)| \le \|u_0\|_\Omega.$$

Setzen wir $g(t) := \|u_0\|_\Omega$, so haben wir die gesuchte obere Schranke für $|a(t)|$ gefunden. Trivialerweise ist $g \in C([0,T])$, da g konstant ist. Nach Picard-Lindelöf gibt es also eine eindeutig bestimmte Lösung $a \in C^1([0,T])$ des Anfangswertproblems (4.15) - (4.16).

- Es bleibt, (4.14) zu zeigen. Wir integrieren dazu (4.17) über $[0,T]$ und erhalten

$$\begin{aligned}
\frac{1}{2}\varrho \int_0^T \frac{\mathrm{d}}{\mathrm{d}t}\|u_m(t)\|_\Omega^2 \mathrm{d}t + \int_0^T \left(F\left(\varepsilon(\nabla u_m(t))\right), \nabla u_m(t)\right)_\Omega \mathrm{d}t = 0 \\
\frac{1}{2}\varrho\|u_m(T)\|_\Omega^2 - \frac{1}{2}\varrho\|u_m(0)\|_\Omega^2 + \left(F\left(\varepsilon(\nabla u_m)\right), \nabla u_m\right)_Q = 0,
\end{aligned}$$

also mit (4.19)

$$\begin{aligned}
\left(F\left(\varepsilon(\nabla_x u_m)\right), \nabla u_m\right)_Q &= \frac{1}{2}\varrho\|u_m(0)\|_\Omega^2 - \frac{1}{2}\varrho\|u_m(T)\|_\Omega^2 \\
&\le \frac{1}{2}\varrho\|u_m(0)\|_\Omega^2 \\
&\le \frac{1}{2}\varrho\|u_0\|_\Omega^2.
\end{aligned}$$

□

Um den Existenzbeweis führen zu können, müssen wir noch zeigen, dass

$$u_m(t,x) = \sum_{k=1}^{m} a_{mk}(t)v_k(x)$$

für alle $m \in \mathbb{N}$ in V_{sol} liegt. Die Aussage folgt als Korollar aus folgendem Lemma:

Lemma 4.2.3. Seien die Bedingungen aus der Liste erfüllt. Dann existieren Konstanten $K_1, K_2 > 0$, sodass folgende Ungleichungen gelten:

$$\|\nabla_x u_m\|_Q \leq K_1,$$
$$\left\|F\big(\varepsilon(\nabla_x u_m)\big)\right\|_Q \leq c_3 \|\nabla_x u_m\|_Q,$$
$$\sqrt{\sum_{k=1}^{m} \alpha_k^{-2} \|a'_{mk}\|^2_{(0,T)}} \leq \frac{1}{\varrho} \left\|F\big(\varepsilon(\nabla_x u_m)\big)\right\|_Q .$$

Beweis.

- Betrachte (4.9). Integrieren wir

$$c_1 |\nabla_x u_m(t,x)|^2 - c_2 \leq F\Big(\varepsilon\big(\nabla_x u_m(t,x)\big)\Big) \cdot \nabla_x u_m(t,x)$$

über Q, so erhalten wir

$$c_1 \|\nabla_x u_m\|_Q^2 - c_2 \mu(Q) \leq \Big(F\big(\varepsilon(\nabla_x u_m)\big), \nabla_x u_m\Big)_Q,$$

wobei μ das Lebesgue-Maß bezeichnet. Es gilt (4.14), also

$$\Big(F\big(\varepsilon(\nabla_x u_m)\big), \nabla_x u_m\Big)_Q \leq \frac{1}{2} \varrho \|u_0\|_\Omega^2 .$$

Zusammen folgt

$$c_1 \|\nabla_x u_m\|_Q^2 - c_2 \mu(Q) \leq \frac{1}{2} \varrho \|u_0\|_\Omega^2 .$$

Setzen wir nun $K_1 := \sqrt{\frac{1}{c_1}\left(\frac{1}{2}\varrho \|u_0\|_\Omega^2 + c_2 \mu(Q)\right)}$, so erhalten wir

$$\|\nabla_x u_m\|_Q \leq K_1 .$$

- Betrachte (4.10). Wir integrieren

$$\left|F\Big(\varepsilon\big(\nabla_x u_m(t,x)\big)\Big)\right|^2 \leq c_3^2 |\nabla_x u_m(t,x)|^2$$

über Q und erhalten

$$\left\|F\big(\varepsilon(\nabla_x u_m)\big)\right\|_Q^2 \leq c_3^2 \|\nabla_x u_m\|_Q^2 .$$

Wurzelziehen auf beiden Seiten liefert die Aussage.

- Es gilt (4.11), also

$$\varrho \left(\frac{\mathrm{d}}{\mathrm{d}t} u_m(t), v_l\right)_\Omega + \Big(F\big(\varepsilon\big(\nabla u_m(t)\big)\big), \nabla v_l\Big)_\Omega = 0.$$

Wir setzen $v(t) := \sum_{l=1}^{m} d_l(t) v_l$, multiplizieren obige Gleichung mit $d_l(t)$ und summieren von 1 bis m bezüglich l:

$$\varrho \left(\frac{\mathrm{d}}{\mathrm{d}t} u_m(t), v(t)\right)_\Omega + \Big(F\big(\varepsilon\big(\nabla u_m(t)\big)\big), \nabla v(t)\Big)_\Omega = 0.$$

Anschließend integrieren wir über $[0, T]$:

$$\varrho(u_{m,t}, v)_Q + \Big(F\big(\varepsilon(\nabla_x u_m)\big), \nabla_x v\Big)_Q = 0. \tag{4.20}$$

Außerdem haben wir

$$\begin{aligned}
\sum_{k=1}^{m}(a'_{mk}, d_k)_{(0,T)} &= \int_0^T \sum_{k=1}^{m} a'_{mk}(t) d_k(t) \mathrm{d}t \\
&= \int_0^T \left(\sum_{k=1}^{m} a'_{mk}(t) v_k, \sum_{l=1}^{m} d_l(t) v_l \right)_\Omega \mathrm{d}t \\
&= \int_0^T \big(u_{m,t}(t), v(t)\big)_\Omega \mathrm{d}t \\
&= (u_{m,t}, v)_Q
\end{aligned}$$

und nach (3.5)

$$\|\nabla_x v\|_Q^2 = \sum_{k=1}^{m} \alpha_k^2 \|d_k\|_{(0,T)}^2,$$

womit aus (4.20) folgt:

$$\begin{aligned}
\varrho \sum_{k=1}^{m}(a'_{mk}, d_k)_{(0,T)} &= \varrho(u_{m,t}, v)_Q \\
&= -\Big(F\big(\varepsilon(\nabla_x u_m)\big), \nabla_x v\Big)_Q \\
&\leq \Big\|F\big(\varepsilon(\nabla_x u_m)\big)\Big\|_Q \|\nabla_x v\|_Q \\
&= \Big\|F\big(\varepsilon(\nabla_x u_m)\big)\Big\|_Q \sqrt{\sum_{k=1}^{m} \alpha_k^2 \|d_k\|_{(0,T)}^2}.
\end{aligned}$$

Wir setzen nun $d_k := \alpha_k^{-2} a'_{mk}$ und erhalten:

$$\sum_{k=1}^{m} \alpha_k^{-2} \|a'_{mk}\|_{(0,T)}^2 \leq \frac{1}{\varrho} \Big\|F\big(\varepsilon(\nabla_x u_m)\big)\Big\|_Q \sqrt{\sum_{k=1}^{m} \alpha_k^{-2} \|a'_{mk}\|_{(0,T)}^2}.$$

Division durch den Wurzelterm liefert die Aussage.

□

Korollar 4.2.4. Seien die Bedingungen aus der Liste erfüllt. Dann gibt es eine Konstante $K_3 > 0$, sodass

$$\|u_m\|_V \leq K_3$$

für alle $m \in \mathbb{N}$.

Beweis. Wir erhalten aus den Ungleichungen im Lemma für $K_3 := \sqrt{K_1^2\left(1+\left(\frac{1}{\varrho}c_3\right)^2\right)}$:

$$
\begin{aligned}
\|u_m\|_V^2 &= \sum_{k=1}^{m} \alpha_k^2 \|a_{mk}\|_{(0,T)}^2 + \sum_{k=1}^{m} \alpha_k^{-2} \|a'_{mk}\|_{(0,T)}^2 \\
&= \|\nabla_x u_m\|_Q^2 + \sum_{k=1}^{m} \alpha_k^{-2} \|a'_{mk}\|_{(0,T)}^2 \\
&\leq \|\nabla_x u_m\|_Q^2 + \left(\frac{1}{\varrho}\left\|F\left(\varepsilon(\nabla_x u_m)\right)\right\|_Q\right)^2 \\
&\leq K_1^2 + \left(\frac{1}{\varrho}c_3 K_1\right)^2 \\
&= K_1^2\left(1+\left(\frac{1}{\varrho}c_3\right)^2\right) \\
&= K_3^2.
\end{aligned}
$$

□

4.3 Existenz der Lösung des äquivalenten Problems

Bevor wir zum wichtigsten und letzten Satz dieser Arbeit kommen, dem Existenztheorem für schwache Lösungen in V_{sol}, beweisen wir ein Hilfsresultat.

Lemma 4.3.1. Seien die Bedingungen aus der Liste erfüllt. Dann gilt für $\lambda > 0$ und $u, w \in V_{\text{sol}}$:

$$
\lim_{\lambda\to 0}\left(F\left(\varepsilon(\nabla_x u + \lambda\nabla_x w)\right), \nabla_x w\right)_Q = \left(F\left(\varepsilon(\nabla_x u)\right), \nabla_x w\right)_Q.
$$

Beweis.

- Seien $u, w \in V_{\text{sol}}$ und sei o. B. d. A. $\lambda \in (0,1)$. Wir beachten, dass für $\xi \in \mathbb{R}^{3\times 3}$ die Abbildung $\xi \mapsto |\xi|$ konvex ist, und erhalten damit aus Forderung (4.10), d. h. aus $\left|F\left(\varepsilon(\xi)\right)\right| \leq c_3|\xi|$ für $\xi \in \mathbb{R}^{3\times 3}$:

$$
\begin{aligned}
\left|F\left(\varepsilon\left(\nabla u(t) + \lambda\nabla w(t)\right)\right)\right| &\leq c_3\left|\nabla u(t) + \lambda\nabla w(t)\right| \\
&= c_3\left|(1-\lambda)\nabla u(t) + \lambda\left(\nabla u(t) + \nabla w(t)\right)\right| \\
&\leq c_3(1-\lambda)\left|\nabla u(t)\right| + c_3\lambda\left|\nabla u(t) + \nabla w(t)\right| \\
&\leq c_3\left|\nabla u(t)\right| + c_3\left|\nabla u(t) + \nabla w(t)\right|.
\end{aligned}
$$

  Dies liefert

$$
\begin{aligned}
&\left|F\left(\varepsilon\left(\nabla_x u(t,x) + \lambda\nabla_x w(t,x)\right)\right)\right| \left|\nabla_x w(t,x)\right| \\
&\quad\leq c_3\left(\left|\nabla_x u(t,x)\right| + \left|\nabla_x u(t,x) + \nabla_x w(t,x)\right|\right)\left|\nabla_x w(t,x)\right| \\
&\quad=: g(t,x).
\end{aligned}
$$

- Wir zeigen, dass $g \in L^1(Q)$ ist. Da F und ε stetig sind, gilt

$$
\lim_{\lambda\to 0} F\left(\varepsilon(\nabla_x u + \lambda\nabla_x w)\right) = F\left(\varepsilon(\nabla_x u)\right),
$$

womit aus dem Satz über die majorisierte Konvergenz die Aussage folgt. Mit der Hölder-Ungleichung gilt

$$\begin{aligned}\int_Q \big|\nabla_x u(t,x)\big|\big|\nabla_x w(t,x)\big| \mathrm{d}(t,x) &= \|\nabla_x u \nabla_x w\|_{L^1(Q)}\\ &\leq \|\nabla_x u\|_Q \|\nabla_x w\|_Q < \infty.\end{aligned}$$

Die letzte Ungleichung gilt nach (3.5), da $\|\nabla_x u\|_Q = \|u\|_{L^2(H_1)} \leq \|u\|_V < \infty$. Dasselbe gilt für $\|\nabla_x w\|_Q$. Weiterhin haben wir

$$\begin{aligned}\int_Q |\nabla_x u(t,x) + \nabla_x w(t,x)|\, |\nabla_x w(t,x)|\, \mathrm{d}(t,x) &= \|(\nabla_x u + \nabla_x w)\nabla_x w\|_{L^1(Q)}\\ &\leq \|\nabla_x u + \nabla_x w\|_Q \|\nabla_x w\|_Q\\ &\leq \big(\|\nabla_x u\|_Q + \|\nabla_x w\|_Q\big) \|\nabla_x w\|_Q < \infty\end{aligned}$$

mit derselben Argumentation wie oben. Damit ist $g \in L^1(Q)$.

□

Theorem 4.3.2 (Lösung des äquivalenten Problems). Seien die Bedingungen aus der Liste erfüllt. Dann gibt es zu jedem $u_0 \in L^2(\Omega)$ eine schwache Lösung $u \in V_{\text{sol}}$ des äquivalenten Problems (4.1) - (4.4).

Beweis.

- Nach Korollar 4.2.4 gilt $\|u_m\|_V \leq K_3$ für alle $m \in \mathbb{N}$, also ist $\{u_m\}_{m\in\mathbb{N}}$ eine beschränkte Folge in V_{sol}. Als Hilbertraum ist V_{sol} reflexiv; aus der Funktionalanalysis ist bekannt, dass $\{u_m\}_{m\in\mathbb{N}}$ daher eine schwach konvergente Teilfolge in V_{sol} besitzt. Wir nennen diese wiederum $\{u_m\}_{m\in\mathbb{N}}$ und erhalten

$$u_m \rightharpoonup u \text{ in } V_{\text{sol}},$$

wobei $u \in V_{\text{sol}}$.

- Die Einbettung $J : V_{\text{sol}} \longrightarrow L^2_{\text{sol}}\big(0,T;\mathring{H}_1(\Omega)\big)$ ist stetig, denn

$$\|J(v)\|_{L^2(H_1)} = \|v\|_{L^2(H_1)} \leq \|v\|_V,$$

also ist J insbesondere schwach stetig. Das heißt, dass aus $u_m \rightharpoonup u$ in V_{sol} folgt: $J(u_m) \rightharpoonup J(u)$ in $L^2_{\text{sol}}\big(0,T;\mathring{H}_1(\Omega)\big)$, also wegen $u_m, u \in V_{\text{sol}}$:

$$u_m \rightharpoonup u \text{ in } L^2_{\text{sol}}\big(0,T;\mathring{H}_1(\Omega)\big).$$

Daher gilt insbesondere:

$$\begin{aligned}u_m &\rightharpoonup u \text{ in } L^2(Q),\\ \nabla_x u_m &\rightharpoonup \nabla_x u \text{ in } L^2(Q).\end{aligned}$$

- Der Spuroperator ist nach dem Spursatz 3.3.2 stetig, also ist P_0 insbesondere schwach stetig. Das heißt, dass aus $u_m \rightharpoonup u$ in V_{sol} folgt: $P_0 u_m \rightharpoonup P_0 u$ in $L^2(\Omega)$, also

$$u_m(0) \rightharpoonup u(0) \text{ in } L^2(\Omega). \tag{4.21}$$

- Es gilt (4.12), also

$$\left(u_m(0), v_l\right)_\Omega = (u_0, v_l)_\Omega.$$

Damit gilt für die Fourierreihe von $u_m(0)$:

$$\begin{aligned} u_m(0) &= \sum_{l=1}^{m} \left(u_m(0), v_l\right)_\Omega v_l \\ &= \sum_{l=1}^{m} (u_0, v_l)_\Omega v_l. \end{aligned}$$

Wir stellen u_0 als Fourierreihe $u_0 = \sum_{l=1}^{\infty}(u_0, v_l)_\Omega v_l$ dar und erhalten

$$\begin{aligned} \|u_0 - u_m(0)\|_\Omega^2 &= \left\| \sum_{l=m+1}^{\infty} (u_0, v_l)_\Omega v_l \right\|_\Omega^2 \\ &= \sum_{l=m+1}^{\infty} (u_0, v_l)_\Omega^2 \to 0, \quad m \to \infty. \end{aligned}$$

Das bedeutet, dass $u_m(0) \to u_0$ in $L^2(\Omega)$, also insbesondere $u_m(0) \rightharpoonup u_0$ in $L^2(\Omega)$. Nach (4.21) ist $u_m(0) \rightharpoonup u(0)$ in $L^2(\Omega)$. Wegen der Eindeutigkeit des schwachen Grenzwerts gilt also

$$u_0 = u(0). \tag{4.22}$$

- Sei $v \in V_{\text{sol}}$ beliebig. Aus dem Spursatz 3.3.2 ist bekannt: für $u \in V_{\text{sol}}$ gilt

$$\langle u_t, u \rangle = \frac{1}{2}\|u(T)\|_\Omega^2 - \frac{1}{2}\|u(0)\|_\Omega^2.$$

Für $v - u_m \in V_{\text{sol}}$ erhalten wir also nach Multiplikation mit ϱ:

$$\frac{1}{2}\varrho\|v(0) - u_m(0)\|_\Omega^2 + \varrho\langle v_t - u_{m,t}, v - u_m\rangle = \frac{1}{2}\varrho\|v(T) - u_m(T)\|_\Omega^2.$$

Wegen der Monotonie von F ist

$$\begin{aligned} &\Big(F\big(\varepsilon(\nabla_x v)\big) - F\big(\varepsilon(\nabla_x u_m)\big), \nabla_x v - \nabla_x u_m\Big)_Q \\ &= \Big(F\big(\varepsilon(\nabla_x v)\big) - F\big(\varepsilon(\nabla_x u_m)\big), \varepsilon(\nabla_x v) - \varepsilon(\nabla_x u_m)\Big)_Q \\ &\geq 0. \end{aligned}$$

Wir addieren diesen Term auf beiden Seiten. Dies führt auf die Ungleichung

$$\begin{aligned} &\frac{1}{2}\varrho\|v(0) - u_m(0)\|_\Omega^2 + \varrho\langle v_t - u_{m,t}, v - u_m\rangle \\ &\quad + \Big(F\big(\varepsilon(\nabla_x v)\big) - F\big(\varepsilon(\nabla_x u_m)\big), \nabla_x v - \nabla_x u_m\Big)_Q \\ &\quad \geq 0. \end{aligned} \tag{4.23}$$

- Wir schreiben $v = \sum_{k=1}^{\infty} d_k v_k$ und setzen $v_m := \sum_{k=1}^{m} d_k v_k$, wobei $\|v_m\|_V < \infty$ nach Korollar 4.2.4 gilt. Daraus ergibt sich mit Korollar 3.2.17:

$$\begin{aligned}\langle u_{m,t}, v\rangle &= \sum_{k=1}^{m} (a'_{mk}, d_k)_{(0,T)} \\ &= \int_0^T \sum_{k=1}^{m} a'_{mk}(t) d_k(t) \mathrm{d}t \\ &= \int_0^T \big(u_{m,t}(t), v_m(t)\big)_\Omega \mathrm{d}t \\ &= (u_{m,t}, v_m)_Q.\end{aligned}$$

  Wir setzen dies in (4.23) ein und formen um:

$$\begin{aligned}0 \leq\ & \frac{1}{2}\varrho \|v(0) - u_m(0)\|_\Omega^2 + \varrho\langle v_t, v - u_m\rangle + \Big(F\big(\varepsilon(\nabla_x v)\big), \nabla_x v - \nabla_x u_m\Big)_Q \\ & - \varrho\langle u_{m,t}, v - u_m\rangle - \Big(F\big(\varepsilon(\nabla_x u_m)\big), \nabla_x v - \nabla_x u_m\Big)_Q \\ =\ & \frac{1}{2}\varrho \|v(0) - u_m(0)\|_\Omega^2 + \varrho\langle v_t, v - u_m\rangle + \Big(F\big(\varepsilon(\nabla_x v)\big), \nabla_x v - \nabla_x u_m\Big)_Q \\ & - \varrho(u_{m,t}, v_m - u_m)_Q - \Big(F\big(\varepsilon(\nabla_x u_m)\big), \nabla_x v_m - \nabla_x u_m\Big)_Q - \Big(F\big(\varepsilon(\nabla_x u_m)\big), \nabla_x v - \nabla_x v_m\Big)_Q \\ =\ & \frac{1}{2}\varrho \|v(0) - u_m(0)\|_\Omega^2 + \varrho\langle v_t, v - u_m\rangle + \Big(F\big(\varepsilon(\nabla_x v)\big), \nabla_x v - \nabla_x u_m\Big)_Q \\ & - \sum_{k=1}^{m} (d_k - a_{mk})\Big[\varrho(u_{m,t}, v_k)_Q + \Big(F\big(\varepsilon(\nabla_x u_m)\big), \nabla v_k\Big)_Q\Big] - \Big(F\big(\varepsilon(\nabla_x u_m)\big), \nabla_x v - \nabla_x v_m\Big)_Q \\ =\ & \frac{1}{2}\varrho \|v(0) - u_m(0)\|_\Omega^2 + \varrho\langle v_t, v - u_m\rangle + \Big(F\big(\varepsilon(\nabla_x v)\big), \nabla_x v - \nabla_x u_m\Big)_Q \\ & - \Big(F\big(\varepsilon(\nabla_x u_m)\big), \nabla_x v - \nabla_x v_m\Big)_Q,\end{aligned} \tag{4.24}$$

  wobei die letzte Gleichheit aus (4.11) folgt (nach Integration über $[0, T]$), da der Ausdruck in der eckigen Klammer verschwindet.

- Wir betrachten im Folgenden die Terme in (4.24) genauer:
  1. Wegen der Stetigkeit von P_0 gilt $u_m(0) \to u(0)$ in $L^2(\Omega)$, also $\|u_m(0) - u(0)\|_\Omega \to 0$. Wir erhalten:
  $$\|v(0) - u_m(0)\|_\Omega \to \|v(0) - u(0)\|_\Omega.$$
  2. Wegen $u_m \rightharpoonup u$ in $L^2_{\mathrm{sol}}\big(0, T; \mathring{H}_1(\Omega)\big)$ gilt per Definition von schwacher Konvergenz
  $$\langle v_t, u_m\rangle \to \langle v_t, u\rangle,$$
  also insbesondere
  $$\langle v_t, v - u_m\rangle \to \langle v_t, v - u\rangle.$$
  3. Wegen $F\big(\varepsilon(\nabla_x v)\big) \in L^2(Q) \cong L^2(Q)'$ und $\nabla_x u_m \rightharpoonup \nabla_x u$ in $L^2(Q)$ gilt ebenso per Definition von schwacher Konvergenz
  $$\begin{aligned}\Big(F\big(\varepsilon(\nabla_x v)\big), \nabla_x u_m\Big)_Q &= \Big\langle F\big(\varepsilon(\nabla_x v)\big), \nabla_x u_m\Big\rangle \\ &\to \Big\langle F\big(\varepsilon(\nabla_x v)\big), \nabla_x u\Big\rangle = \Big(F\big(\varepsilon(\nabla_x v)\big), \nabla_x u\Big)_Q,\end{aligned}$$

also insbesondere

$$\Big(F\big(\varepsilon(\nabla_x v)\big), \nabla_x v - \nabla_x u_m\Big)_Q \to \Big(F\big(\varepsilon(\nabla_x v)\big), \nabla_x v - \nabla_x u\Big)_Q.$$

4. Nach Lemma 4.2.3 gilt die Ungleichung $\left\|F\big(\varepsilon(\nabla_x u_m)\big)\right\|_Q \leq c_3 K_1$. Damit und mit $v_m \to v$ in $L^2\big(0, T; \mathring{H}_1(\Omega)\big)$ erhalten wir

$$\begin{aligned}\Big(F\big(\varepsilon(\nabla_x u_m)\big), \nabla_x v - \nabla_x v_m\Big)_Q &\leq \left\|F\big(\varepsilon(\nabla_x u_m)\big)\right\|_Q \left\|\nabla_x v - \nabla_x v_m\right\|_Q \\ &= \left\|F\big(\varepsilon(\nabla_x u_m)\big)\right\|_Q \left\|v - v_m\right\|_{L^2(H_1)} \\ &\leq c_3 K_1 \|v - v_m\|_{L^2(H_1)} \to 0.\end{aligned}$$

Aus (4.24) folgt nun nach Grenzübergang $m \to \infty$:

$$0 \leq \frac{1}{2}\varrho \|v(0) - u(0)\|_\Omega^2 + \varrho \langle v_t, v - u\rangle + \Big(F\big(\varepsilon(\nabla_x v)\big), \nabla_x v - \nabla_x u\Big)_Q.$$

- Wir wählen nun $v := u + \lambda w$, wobei $\lambda > 0$ und $w \in V_{\text{sol}}$ ist, und erhalten

$$\begin{aligned}0 &\leq \frac{1}{2}\varrho \lambda^2 \|w(0)\|_\Omega^2 + \varrho \lambda \langle u_t + \lambda w_t, w\rangle + \lambda\Big(F\big(\varepsilon(\nabla_x u + \lambda \nabla_x v)\big), \nabla_x w\Big)_Q \\ 0 &\leq \frac{1}{2}\varrho \lambda \|w(0)\|_\Omega^2 + \varrho \langle u_t + \lambda w_t, w\rangle + \Big(F\big(\varepsilon(\nabla_x u + \lambda \nabla_x v)\big), \nabla_x w\Big)_Q.\end{aligned}$$

Mit Lemma 4.3.1 folgt für $\lambda \to 0$:

$$0 \leq \varrho \langle u_t, w\rangle + \Big(F\big(\varepsilon(\nabla_x u)\big), \nabla_x w\Big)_Q.$$

Analog erhalten wir für $v := u - \lambda w$, wobei $\lambda > 0$ und $w \in V_{\text{sol}}$ ist:

$$0 \leq -\varrho \langle u_t, w\rangle - \Big(F\big(\varepsilon(\nabla_x u)\big), \nabla_x w\Big)_Q.$$

Aus der Gültigkeit der beiden Ungleichungen folgt

$$0 = \varrho \langle u_t, w\rangle + \Big(F\big(\varepsilon(\nabla_x u)\big), \nabla_x w\Big)_Q$$

für beliebiges $w \in V_{\text{sol}}$. Da nach (4.22) außerdem $u(0) = u_0$ gilt, folgt aus Satz 4.1.2, dass $u \in V_{\text{sol}}$ schwache Lösung des äquivalenten Problems (4.1) - (4.4) ist.

□

5 Fazit und Ausblick

Das allgemeine Stokes-Problem besitzt also eine eindeutige schwache Lösung $u \in V_{\text{sol}}$, wenn die Nichtlinearität F die geforderten Bedingungen erfüllt. Wir kennen also das Geschwindigkeitsfeld des inkompressiblen Fluids und damit die Geschwindigkeit jedes Fluidteilchens an jedem Ort zu jeder Zeit. Aus u können wir den Druck p rekonstruieren, wie wir es am Ende des zweiten Kapitels erklärt haben, womit auch der Druck des inkompressiblen Fluids an jedem Ort zu jeder Zeit bekannt ist:

$$\nabla_x p = (I - P)\operatorname{div}_x F\big(\varepsilon(\nabla_x u)\big).$$

Ein nächster Schritt wäre, äußere Kräfte zuzulassen. Wie man dem vierten Kapitel in [Alb06] entnehmen kann, existiert auch dann noch eine eindeutige schwache Lösung. Außerdem könnte man auf die Halblinearisierung verzichten und den konvektiven Term $(u \cdot \nabla_x)u$ berücksichtigen. Dann würde man ein allgemeines Navier-Stokes-Problem erhalten.

Abschließend geben wir ein Beispiel an. Sei $F : \mathscr{S}^3 \longrightarrow \mathscr{S}^3$ die Identität, also definiert durch

$$F\big(\varepsilon(\nabla_x u)\big) := \varepsilon(\nabla_x u).$$

F erfüllt die Kriterien aus der Liste:

- F ist monoton. $\checkmark$
- $F \in C^1(\mathscr{S}^3, \mathscr{S}^3)$. $\checkmark$
- $F\big(\varepsilon(\nabla_x u)\big) \in L^2(Q)$ für $u \in V_{\text{sol}}$, da $\|F\big(\varepsilon(\nabla_x u)\big)\|_Q = \|\varepsilon(\nabla_x u)\|_Q \leq \|\nabla_x u\|_Q \leq \|u\|_V < \infty$. $\checkmark$
- $F(0) = 0$. $\checkmark$
- $\|\nabla F\|_{L^\infty(\mathbb{R}^{3\times 3})} < \infty$. $\checkmark$
- Es existieren Konstanten $c_1 > 0$, $c_2 \geq 0$, sodass für alle $\xi \in \mathbb{R}^{3\times 3}$ gilt $c_1|\xi|^2 - c_2 \leq F\big(\varepsilon(\xi)\big) \cdot \xi$, denn wir haben für $c_1 = \frac{1}{2}$ und $c_2 = \left|\frac{1}{2}\xi^T \cdot \xi\right|$:

$$\begin{aligned}\frac{1}{2}|\xi|^2 - \left|\frac{1}{2}\xi^T \cdot \xi\right| &\leq \frac{1}{2}|\xi|^2 + \frac{1}{2}\xi^T \cdot \xi \\ &= \frac{1}{2}(\xi \cdot \xi + \xi^T \cdot \xi) \\ &= \varepsilon(\xi) \cdot \xi \\ &= F\big(\varepsilon(\xi)\big) \cdot \xi. \quad \checkmark\end{aligned}$$

- Es existiert eine Konstante $c_3 > 0$, sodass für alle $\xi \in \mathbb{R}^{3\times 3}$ gilt $\left|F\big(\varepsilon(\xi)\big)\right| \leq c_3|\xi|$, denn wir haben für $c_3 = 1$:

$$\left|F\big(\varepsilon(\xi)\big)\right| = \left|\varepsilon(\xi)\right| = \left|\frac{1}{2}\xi + \frac{1}{2}\xi^T\right| \leq |\xi|. \quad \checkmark$$

Es ist

$$\operatorname{div}_x F\big(\varepsilon(\nabla_x u)\big) = \frac{1}{2}\Delta_x u + \frac{1}{2}\operatorname{div}_x(\nabla_x u)^T.$$

Also besitzt das Anfangs-Randwert-Problem

$$\begin{aligned}
\varrho u_t(t,x) + \nabla_x p(t,x) - \frac{1}{2}\Delta_x u(t,x) - \frac{1}{2}\operatorname{div}_x\big(\nabla_x u(t,x)\big)^T &= 0, && (t,x)\in\overline{Q},\\
\operatorname{div}_x u(t,x) &= 0, && (t,x)\in\overline{Q},\\
u(t,x) &= u_0, && (t,x)\in\{0\}\times\Omega,\\
u(t,x) &= 0, && (t,x)\in\partial Q,
\end{aligned}$$

in einem beschränkten Gebiet Ω mit C^1-Rand für $u_0 \in L^2(\Omega)$ eine eindeutige schwache Lösung $(u,p) \in V_{\text{sol}} \times H_1(Q,\mathbb{R})$.

Literaturverzeichnis

[Alb12] Alber, H.-D.: *Lecture Notes on Linear Partial Differential Equations*, Vorlesungsskript, TU Darmstadt, Sommersemester 2012

[Alb06] Alber, H.-D.: *Lecture Notes on Selected Chapters from the Theory of Partial Differential Equations: Nonlinear Elliptic and Parabolic Equations*, Vorlesungsskript, TU Darmstadt, Sommersemester 2006

[AC02] Alber, H.-D. und Chełmiński, K.: *Quasistatic problems in viscoplasticity theory*, Preprint, TU Darmstadt, Januar 2002

[Alt02] Alt, H. W.: *Lineare Funktionalanalysis*, 4. Auflage, Springer-Verlag, Berlin 2002

[GH09] Gross D., Hauger W., Wriggers P: *Technische Mechanik IV*, 7. Auflage, Springer-Verlag, Berlin 2009

[LL91] Landau, L. D. und Lifschitz, J. M.: *Lehrbuch der theoretischen Physik, Band 6: Hydrodynamik*, Akademie-Verlag, 1991

[Sch09] Schmidt, B.: *Partielle Differentialgleichungen 2*, Vorlesungsskript, http://www.math.uni-augsburg.de/prof/ana/arbeitsgruppe/schmidt/skripten/pdg2.pdf, Datum des Zugriffs: 25.07.2012

[Sch11] Schweizer, B: *Partielle Differentialgleichungen*, Vorlesungsskript, http://www.mathematik.uni-dortmund.de/lsi/schweizer/pde.pdf, Datum des Zugriffs: 25.07.2012